21世纪高职高专规划教材·服务外包系列

总主编◎严世清　副总主编◎王　颖　丁志卫　冯　瑞

软件外包 Java EE 教程

主　编◎袁　华

副主编◎陈芝荣　尤澜涛

中国人民大学出版社

·北京·

图书在版编目（CIP）数据

软件外包 Java EE 教程 / 袁华主编．—北京：中国人民大学出版社，2014.2
21 世纪高职高专规划教材．服务外包系列
ISBN 978-7-300-18558-3

Ⅰ.①软… Ⅱ.①袁… Ⅲ.①JAVA 语言-程序设计-高等职业教育-教材 Ⅳ.①TP312

中国版本图书馆 CIP 数据核字（2014）第 008239 号

21 世纪高职高专规划教材 · 服务外包系列
软件外包 Java EE 教程
主　编　袁　华
副主编　陈芝荣　尤澜涛
Ruanjian Waibao Java EE Jiaocheng

出版发行	中国人民大学出版社		
社　　址	北京中关村大街 31 号	**邮政编码**	100080
电　　话	010－62511242（总编室）		010－62511398（质管部）
	010－82501766（邮购部）		010－62514148（门市部）
	010－62515195（发行公司）		010－62515275（盗版举报）
网　　址	http://www.crup.com.cn		
	http://www.ttrnet.com(人大教研网)		
经　　销	新华书店		
印　　刷	北京昌联印刷有限公司		
规　　格	185 mm×260 mm　16 开本	**版　　次**	2014 年 2 月第 1 版
印　　张	12.5	**印　　次**	2014 年 2 月第 1 次印刷
字　　数	235 000	**定　　价**	25.00 元

总 序

20 世纪后期，在成本驱动和专业化分工的推动下，很多企业开始把非核心业务剥离出来交给企业外部专业服务提供商完成，以降低成本、提高效率、增强企业的核心竞争力，这就是服务外包。服务外包逐渐成为推动世界经济发展的一股新兴力量，缩小了各地区间的差距和界限。如今，在经历了金融危机的洗礼后，以云计算、物联网技术为代表的第三次信息技术革命悄然兴起，在全球范围内掀起了产业转移和结构调整的浪潮，企业对竞争力的关注正经历着从成本驱动向创新化、一体化驱动的转变。手机业巨头的此起彼落、iPad 的全球热销、盛大网络向出版业的进军等，这一切都在推动世界经济的进一步细分重构，也预示着服务外包产业的新一轮发展。

富有远见的国际投资经理人安东尼·范·阿格塔米尔认为，未来亚洲、中东、东欧、拉丁美洲和非洲的新兴市场国家的经济规模将会超过现在的发达国家，这一进程就是“新兴市场的世纪”。自 2006 年商务部启动服务外包“千百十工程”以来，我国以迅猛的发展速度跻身于世界主要接包地之列。未来，我们更要不失时机地促成企业由单纯的供应商向兼做供应商、采购商，以及提供供应链解决方案的系统集成商的角色转换，从而推动服务经济的蓬勃发展，而这些离不开人才的支撑。服务外包从业人员不仅要掌握熟练的专业技术，具备扎实的语言基础，更要了解服务外包这一新兴商业模式的主要特点。基于此，苏州工业园区服务外包职业学院与中国人民大学出版社围绕服务外包各个领域，合作研发了一套高职高专精品教材——“21 世纪高职高专规划教材·服务外包系列”，适时地满足了高等院校和各类培训机构服务外包人才培养以及服务外包企业和从业者的需求。

服务外包教材的编写不同于成熟学科教材的编写。首先，作为一个横向产业，服务外包涉及的领域相当广泛，信息技术、企业管理、艺术设计等诸多行业知识都在这一范畴中。其次，服务外包教材更讲求实用性，其内容必须切合企业、行业实际，满足从业人员的职业发展需求。最后，服务外包是一个新兴领域，在我国发展时间还不长，但发展势头强劲，因此教材的相关知识体系也要跟随产业发展不断更新。

基于以上特点，本套教材将高职高专教材编写的最新思路融入其中，在搭建行业概念和知识框架的基础上，更加注重实用性，囊括了《服务外包概论》、《软件外包项目管理实务》、《软件外包 Java EE 教程》、《ASP. NET 项目驱动教程》、《BPO 基础理论与案例分析》、《BPO 实务》、《人力资源外包实务》、《服务外包英语》、《弟子规与服务外包职业素养》共 9 本教材，涉及信息技术、商务管理、专业外语等多个方面，突出了对学生专业实践技能的训练和培养。

感谢本套教材所有编写人员为我国服务外包人才培养所做的努力。我真心期待苏州工业园区服务外包职业学院能够培养出更多优秀的服务外包人才，与各界人士一起推动“中国制造”向“中国服务”的转型。

中国服务外包研究中心主任

中欧国际工商学院院长

朱晓明

前言

目前，市场上有关Java EE开发的书籍种类繁多，但很多书籍要么涵盖了初高级所有的技术，要么只讲技术的使用片断，或者大篇幅地讲述一些在实际项目中用不到的知识，使读者无所适从，掌握不到学习Java EE的真正要领，也导致初学者对Java EE产生畏惧心理。其实Java EE并不难掌握。

为了帮助众多初学者快速掌握Java EE的开发方法，笔者精心编写了本书。它是笔者在多年项目实践中的经验总结。本书根据读者的学习规律，采用情景式的学习方式，引进了软件外包的两个角色——发包方SZITO公司和接包方SISO公司，以任务的形式导入解决方案，通过解决方案让读者掌握相关知识的应用场景及实施过程，严格遵循由浅入深、循序渐进的原则。

本书构建了6个项目、22个任务，对项目开发所需的Java EE知识的先后顺序进行梳理编排，从环境配置开始，到最后的项目开发，都有详尽的介绍，从而使读者很容易就能运行实例，掌握开发方法，并体会到学习的快乐，不断增强学习的动力。

本书内容主要来自作者多年的软件开发和教学经验，主要面对初学者，特别是针对面临就业压力、需要实践技能的大学生和程序开发爱好者。本书也可作为高等院校和计算机培训学校相关专业的参考书。

袁华

2013年10月

目录

CONTENTS

绪　论

企业为了降低成本、提高效率、增强其核心竞争力，并能更加弹性地适应环境变化的需要，将非核心的业务外包出去，利用外部最优秀的专业化团队来承接这些业务，从而能够更专注于其核心业务，这种管理模式就是服务外包。服务外包业作为现代高端服务业的重要业态之一，具有吸纳就业能力强、产品附加值大、技术承载度高等特征，拥有巨大的潜在市场规模，它是经济全球化的必然趋势。

随着信息技术在全球范围内的迅猛发展，IT 行业尤其是软件外包产业呈现出前所未有的高速发展态势，对人才资源的需求也日渐旺盛，世界软件外包市场以每年 20% 以上的速度递增。2007 年中国离岸软件外包市场规模为 19.7 亿美元，2007—2012 年间的复合年均增长率达 35.3%（如图 0—1 所示）。2011 年中国 IT 服务年会披露了一组数据：2011 年上半年中国信息技术服务产业实现产值 3 755 亿元，同比增长 28.4%，软件外包服务的出口达到 22.8 亿美元，同比增长 46%。

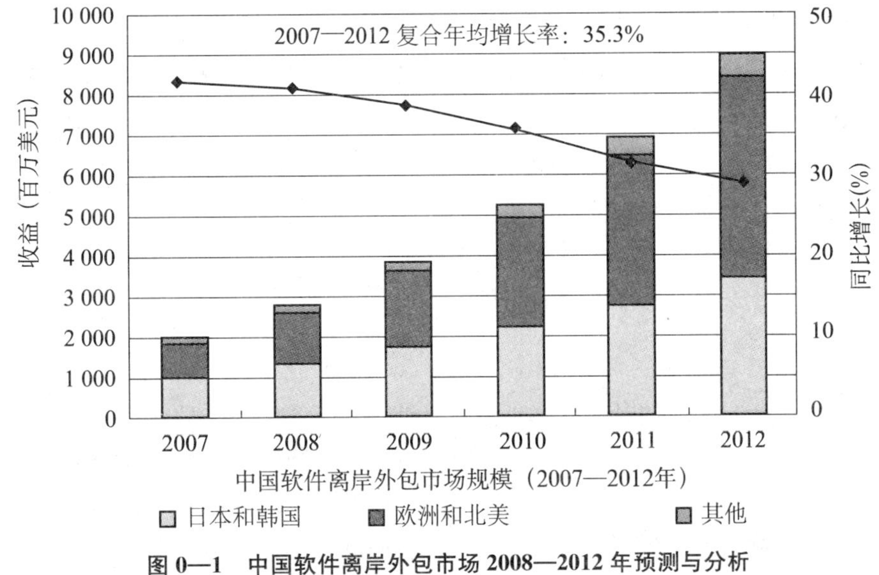

图 0—1　中国软件离岸外包市场 2008—2012 年预测与分析

资料来源：互联网数据中心（IDC）：中国软件离岸外包市场 2008—2012 年预测与分析，2008 年 5 月。

软件外包就是软件开发商（简称发包方）将软件开发的全部或者一部分，委托给别的软件公司（简称接包方）去完成。全球范围内，北美、西欧和日本等发达国家和地区是最主要的发包方，而接包方主要由印度、中国、爱尔兰和俄罗斯等国组成，其中印度占全球离岸外包市场份额的 80%，其主要的发包商来自美国，而欧洲市场绝大多数份额被爱尔兰包揽，随着全球产业梯次转移步伐的不断加快，中国和俄罗斯正成为新的接包力量。根据互联网数据中心（IDC）的统计数据，目前中国对日本软件外包的出口总量占日本发包总量的63%左右，未来几年仍将继续扩大。中国离岸服务外包收入构成如图0—2所示。

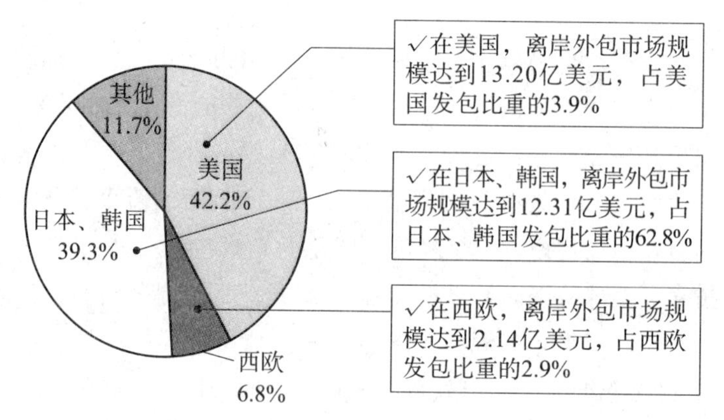

图0—2　中国离岸服务外包收入构成

由于软件外包是软件全球性生产方式，因此存在大量软件外包的专业术语，例如：软件外包是Software Outsourcing，对发包方来说，接包方是外包服务商，称为Vendor，对接包方来说，发包方则是其客户，称为Client。因此软件外包就是软件生产的分工和合作，主要目标就是生产出好的软件。通过软件外包，发包方可以降低软件项目成本、提高软件质量、缩短软件开发周期，而接包方可以获得稳定的、较高的利润，还可以学习软件的先进技术和管理方法，同时可以加速企业的国际化进程，双方都获得了可观的利益，因此是一种共赢关系。

信息技术外包主要分为应用软件开发、嵌入式软件开发、软件测试及IT服务，其中应用软件开发又占据了绝大部分市场份额。Java与.NET技术是目前主流的两大开发技术阵营。

Java技术方面，Sun公司（现已经被Oracle公司收购）根据应用领域的不同划分了三个版本的Java平台：适用于桌面系统的Java SE（标准版）、适用于创建服务器应用程序和服务的Java EE（企业版）、适用于小型设备和智能卡的Java ME（微型版）。Java技术的最大特点就是它的平台独立性，Java程序可以做到一次编写、多次运行（Write Once，Run Anywhere）。

为了抗衡Sun公司推出的Java技术，微软公司推出了.NET技术，它也是新一代的面向互联网（Internet）的应用开发技术。

Java技术由于其平台无关性、高可靠性、高安全性等特点，已经成为软件开发技术的主流。图0—3是某求职网站的职位截图，其中与Java技术相关的职位就有四万多。

软件外包领域的应用程序开发中，对分布式的、事务性的和可移植的要求越来越高，这就要求有高性能、安全和可靠的服务器端技术来开发应用程序。在信息化的世界里，企业级应用通常需要更高的性能、更少的费用和更少的资源。

排序方式：按更新日 | 按首发日 ▾ | 按相关度　　查看方式：　1-30 / 43123

职位名称	公司名称	工作地点	更新日
Java软件开发工程师	也买（上海）商贸有限公司	上海	2011-10-24
java软件开发工程师	沈阳展望天成科技有限公司	沈阳	2011-10-24
JAVA软件开发工程师	上海科银软件系统有限公司	上海-浦东新区	2011-10-24
JAVA程序员（EXTJS技术）	北京中科普达科技有限公司	北京	2011-10-24

图 0—3　某求职网站 Java 职位

Java 企业版（Java Platform，Enterprise Edition，简称 Java EE）用来开发和部署可移植、可伸缩且安全的服务器端 Java 应用程序。Java EE 是在 Java SE 的基础上构建的，是一种利用 Java 2 平台来简化与企业解决方案的开发、部署和管理相关的复杂问题的体系结构。

Java EE 包含了 WEB 服务、组件模型，可以用来实现企业级的面向服务体系结构（Service-Oriented Architecture，SOA）和 WEB 2.0 应用程序。

Java EE 使用多层的分布式应用模型，应用逻辑按功能划分为组件，各个应用组件根据它们所在的层分布在不同的机器上。如图 0—4 所示，是典型的四层结构：

（1）运行在客户端机器上的客户层组件；

（2）运行在 Java EE 服务器上的 WEB 层组件；

（3）运行在 Java EE 服务器上的业务逻辑层组件；

（4）运行在 EIS 服务器上的企业信息系统（Enterprise Information System）层软件。

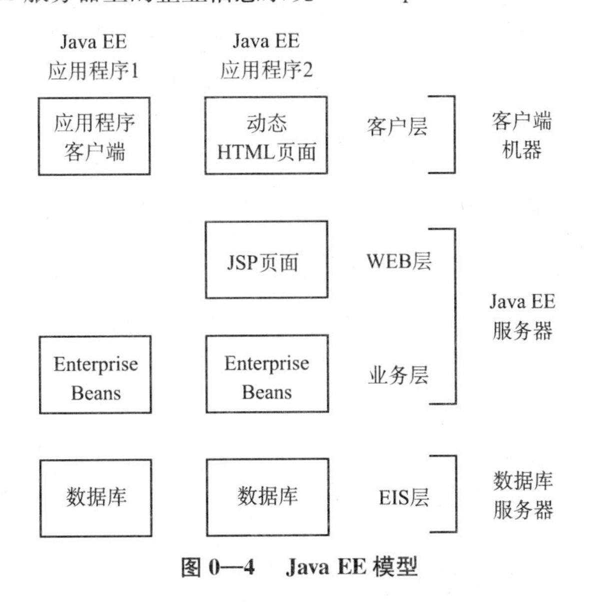

图 0—4　Java EE 模型

Java EE 技术繁杂，涉及面广，本书主要涉及 Java EE 的 WEB 组件技术，即 Servlet 和 JSP 技术。这两项技术也是构成整个 Java EE 技术的基石。

项目一

基于 WEB 的 HELLOWORLD

在“绪论”中我们了解了软件外包与Java EE的一些基础知识，从本项目开始，我们正式进入Java EE技术的学习。为了体现软件外包的特色，我们引进了软件外包的两个角色：发包方SZITO公司和接包方SISO公司。

为了将自身业务拓展到互联网，SZITO公司希望能开发一个基于WEB的知识管理系统（KMS），并将该项目发包到SISO公司，SISO公司经过仔细的需求分析，决定利用Java EE技术来开发系统，漫长的开发过程从最原始的HELLOWORLD开始。

任务 1　理解 B/S 与 C/S 技术

本任务学习结束后，您将对选择桌面应用（C/S）还是 WEB 应用（B/S），以及选择何种 WEB 技术来开发应用等知识有所理解。

应用场景

SISO 公司需要开发的是一个基于 WEB 的应用程序，WEB 应用是目前流行的 B/S 架构。因此需要掌握 B/S 与 C/S 各自的技术特点。

任务分析

桌面应用（C/S）与 WEB 应用（B/S）各自的技术特点，决定了其在应用系统开发中所占的位置。

随着互联网业的飞速发展，WEB 应用（B/S）取得了长足的进步，各种 WEB 应用技术如雨后春笋般发展，各自都存在优缺点，应从性能、可移植性、安全性、开发速度、成本、培训、可扩展性和可维护性等多方面综合考虑，来选择适合我们的应用技术。

解决方案

1. WEB 技术概述
2. B/S 与 C/S 技术比较
3. 主要 WEB 开发技术比较

一、WEB 技术概述

万维网（亦作“Web”、“WWW”、“W3”，英文全称为“World Wide Web”），是一个由许多互相链接的超文本文档组成的系统，通过互联网访问。在这个系统中，每个有用的事物，称为一种“资源”，并且由一个全局“统一资源标识符”（URI）标识，这些资源通过超文本传输协议（HyperText Transfer Protocol，HTTP）传送给用户，而后者通过点击链接来获得资源。

二、B/S 与 C/S 技术比较

B/S 是 Browser/Server 的缩写，指浏览器和服务器，在客户机端不用装专门的软件，只要一个浏览器即可（瘦客户端）。

C/S 是 Client/Server 的缩写，指客户机和服务器，在客户机端必须装客户端软件及相应的环境后，才能访问服务器（胖客户端）。

B/S 与 C/S 的优缺点比较如下：

1. C/S 的优缺点

（1）C/S 的优点是：能充分发挥客户端 PC 的处理能力，很多工作可以在客户端处理后再提交给服务器。对应的优点就是客户端响应速度快。

（2）C/S 的缺点是：只适用于网速较快的网络环境，如局域网。随着互联网的飞速发展，移动办公和分布式办公越来越普及，很多情况下都是在不同的网络环境下办公的，而当前形式下网速又相对较慢，所以很多情况下，C/S 不能很好地满足业务需求。因此客户端需要安装专用的客户端软件及运行环境。但是首先涉及安装的工作量；其次任何一台电脑出问题，如病毒、硬件损坏，都需要进行安装或维护，特别是有很多分部或专卖店的情况，不是工作量的问题，而是路程的问题；最后，系统软件升级时，每一台客户机需要重新安装，其维护和升级成本非常高。

2. B/S 的优缺点

（1）B/S 的优点是：可以在任何地方进行操作而不用安装任何专门的软件，只要有一台能上网的电脑就能使用，客户端零维护。

B/S 架构的软件对一个稍微大一点的单位来说，系统管理人员不需要在几百甚至上千部电脑之间来回奔跑，只需要管理服务器就行了，所有的客户端只是浏览器，根本不需要做任何的维护。无论用户的规模有多大，有多少分支机构，都不会增加任何维护升级的工作量，所有的操作只需要针对服务器进行；如果是异地，只需要把服务器连接专网即可，实现远程维护、升级和共享。所以客户机越来越“瘦”，而服务器越来越“胖”是将来信息化发展的主流方向。

B/S 建立在广域网上，与操作系统平台关系最小，面向不同的用户群，分散地域，这是 C/S 无法做到的或者说是不擅长的。

（2）B/S 的缺点是：因为 B/S 模式没有专用的客户端软件与服务端通信，所以响应速度不如 C/S 模式，但是现在随着 AJAX 技术的不断发展，这个问题已经得到了较大的改善。

应该说，B/S 和 C/S 各有千秋，它们都是当前非常重要的计算架构。在适用互联网、维护工作量等方面，B/S 比 C/S 要强得多，但在运行速度、数据安全、人机交互等方面，B/S 远不如 C/S。

三、主要 WEB 开发技术比较

有很多技术都能够实现构建动态的 WEB 应用，除了 JSP，还有 ASP. NET、PHP 等。常见 WEB 技术比较见表 1—1。

表 1—1　　　　常见 WEB 技术比较

	JSP	ASP. NET	PHP
WEB 服务器	Tomcat，Weblogic	IIS	Apache，IIS
运行平台	UNIX，Windows	Windows	UNIX，Windows
运行速度	快	较快	较快
难易程度	较小	较大	较大
扩展性	好	较好	较差
安全性	好	较差	好
数据库支持	多	多	多
厂商支持	多	较少	较多
XML 支持	支持	不支持	不支持
后缀名	jsp	aspx	php

与各种技术相比较，融合了 Bean、Servlet 等 Java EE 技术的 JSP 是其强大所在。对于中小型站点开发来说，JSP 并没有特别明显的优势，JSP 的优势在于 JSP 是以 Java 技术为基础的。对于 Java 来说，JSP、ASP. NET、PHP 并没有明显区别，但是对于大型的电子商务网站开发来说，JSP 具有明显的优势。

【教你一招】综合起来可以发现，凡是 C/S 的强项，便是 B/S 的弱项，反之亦然。

知识拓展

在 WEB 技术平台中，最常见的是 Java EE 平台、.NET 平台，还有 LAMP 平台。LAMP 是指一组运行动态网站或者服务器的自由软件，它由 Linux（操作系统）＋Apache（网页服务器）＋ MySQL（数据库服务器）＋ PHP（网页开发脚本语言）构成。由于这些开放源代码程序的廉价和普遍，这个组合已经变得非常流行。

思考练习

一、简答题

1. 描述 B/S 的优点。

2. 详细了解常见的 WEB 开发技术。

二、实训题

试着对几种开发技术分别采用一种复杂运算，观察各种技术的响应时间，进而推断各种技术的性能。

任务 2　掌握 HTML 语言

本任务学习结束后，您将掌握 HTML 概念、HTML 文档结构及如何编写 HTML 页面进行展示。

应用场景

WEB 应用程序的最基本单位就是网页，编写网页需要掌握 HTML 技术。

任务分析

一个 HTML 页面由很多页面元素构成，HTML 语法定义了很多标记来丰富页面元素。

解决方案

1. HTML 概述
2. HTML 文档结构
3. HTML 标记

一、HTML 概述

超文本标记语言（HyperText Mark-up Language，简称 HTML）是 WWW 的描述语言。与 Java、C 等程序设计语言不同，HTML 是一种在文件的某些文字中加上标示的语言，其目的在于运用标记（TAG）使文件达到预期的显示效果。

HTML 的格式非常简单，由文字及标记组合而成，可以用 Windows 自带的记事本进行编辑，但在实际的应用开发中，一般用专业网页编辑软件如 DreamWeaver 等进行开发。

标记由“<”及“>”组成，如 <P>。某些标记需要加上参数，如 <font size=“2”>Hello</font>，参数只可加于起始标记中。在起始标记的标记名前加上符号

“/”便是其终结标记，如上面例子中的</font>。

二、HTML 文档结构

HTML 分文档头和文档体两部分，在文档头里，对这个文档进行了一些必要的定义，文档体中才是要显示的各种文档信息。

下面是一个最基本的 HTML 文档的代码：

```
<HTML>
      <HEAD></HEAD>
      <BODY></BODY>
</HTML>
```

其中<HTML>和</HTML>在文档的最外层，这个标记的作用是让浏览器知道这是 HTML 文件。<HEAD></HEAD>是 HTML 文档的头部标记，用来说明文件的标题和整个文件的一些公共属性，这些信息在浏览器正文中是不会被显示的。<BODY></BODY>标记之间的文本是正文，是浏览器要显示的页面内容。

三、HTML 标记

1. HTML 格式标记

（1）HTML 标题（Heading）是通过 <h1>、<h2>、<h3>、<h4>、<h5>、<h6> 等标签进行定义的。

（2）HTML 段落是通过 <p> 标签进行定义的。

（3）HTML 文字换行是通过
标签定义的。

（4）HTML 链接是通过 <a> 标签进行定义的，在 href 属性中指定链接的地址。例如：<a href=“http：//www. siso. edu. cn”>链接地址</a>。

（5）HTML 图像是通过 <img> 标签进行定义的，src 属性指定图像文件来源，width 和 height 属性指定图像大小。例如：<img src=“logo. jpg” width=“120” height=“160” />。

（6）HTML 字体大小、颜色通过<font>标签进行定义，size 属性指定大小，color属性指定颜色。例如：<font size=7 color=red>今天天气真好！</font>。

2. HTML 表格

HTML 表格由 <table> 标签来定义。每个表格均有若干行（<tr> 标签），每行被分割为若干单元格（<td> 标签）。

```
<table border = "1">
      <tr>
        <td>第一行，第一格</td>
        <td>第一行，第二格</td>
```

```
    </tr>
    <tr>
      <td>第二行，第一格</td>
      <td>第二行，第二格</td>
    </tr>
</table>
```

以上 HTML 代码生成一个两行两列的表格。

3．HTML 表单

HTML 中用表单来采集和提交用户输入的信息，表单由标签（<form>）定义。<form>中由若干个输入标签（<input>）组成，该标签的 type 属性表示输入类型。常见的输入类型如下：

（1）文本域（Text Fields）：当用户要在表单中输入字母、数字等内容时，就需要用到文本域。

（2）密码域（Password Fields）：当用户要在表单中输入密码时，就需要用到密码域。密码域与文本域的区别在于密码域不直接显示输入的文字，而是用星号或者圆点代替。

（3）单选按钮（Radio Buttons）：当用户从若干给定的选项中只能选择其中之一时，就需要用到单选框。

（4）复选框（Checkboxes）：当用户从若干给定的选项中选取一个或多个选项时，就需要用到复选框。

除了输入标签之外，表单中一般还需要有 action 属性和确认按钮。当用户单击确认按钮时，表单的内容会被传送到 action 属性定义的文件中处理。

下面是一个 HTML 表单的例子：

```
<form action = "reg.jsp">
您的名字:<input type = "text" name = "username"/> <br/>
您的密码:<input type = "password" name = "password"/> <br/>
<p>
您的性别<br/>
<input type = "radio" name = "sex" value = "male" />男 <br/>
<input type = "radio" name = "sex" value = "female" />女 <br/>
<p>
交通工具:<br/>
<input type = "checkbox" name = "bike" />自行车<br />
<input type = "checkbox" name = "car" />汽车<br/>
<p>
<input type = "submit" value = "确认"/>
</form>
```

浏览器显示如图 1—1 所示。

图 1—1　HTML 页面

如果用户在输入数据之后点击了“确认”按钮，那么输入数据会传送到“reg. jsp”的页面，由该页面进行注册操作。

【教你一招】关于 HTML 更详细的资料，可参考 W3C 学习网站：http：//www. w3school. com. cn/html/index. asp。

知识拓展

为了能把 HTML 的内容和显示分离出来，W3C 定义了一个层叠样式表（CSS），CSS 是一种用来为结构化文档（如 HTML 文档）添加样式（字体、间距和颜色等）的计算机语言。更详细的资料可参见 W3C 学习网站：http：//www. w3school. com. cn/css/。

在 JavaScript 出现之前，网页交互模式是这样的：客户端提交数据到服务器端，服务器端处理后将结果返回。这种模式的弊端是客户端的一举一动都必须经过服务器端的处理才能反馈，如果数据量大且网络传输速度慢，那么漫长的等待会让用户崩溃。为了更好地提高用户体验，我们需要将有些步骤放到客户端处理，如表单验证工作，JavaScript 的设计目的就是可以在客户端代替服务器端做这些工作。更详细的资料可参见 W3C 学习网站：http：//www. w3school. com. cn/js/index. asp。

思考练习

一、简答题

描述 HTML 的文档结构。

二、实训题

编写一个 HTML 注册信息页面，该页面中包含用户名、用户密码、用户兴趣爱好、用户性别等资料。

任务 3　开发第一个 WEB 应用程序 ——HELLOWORLD

本任务学习结束后，您将掌握如何用 Servlet 来编写基于 WEB 的 HELLOWORLD 程序。

应用场景

通过记事本输入 Java Servlet 程序，与基于控制台的 Java 程序不一样，该程序不能直接运行，而是要将 Servlet 部署到服务器中运行。

任务分析

需要掌握 Servlet 概念及 Servlet 工作过程，并会编写第一个 Servlet 程序。

解决方案

1. Servlet 概述
2. Servlet 工作过程
3. 编写 Servlet 程序 HELLOWORLD

一、Servlet 概述

Servlet 即 Server Applet，全称 Java Servlet，是用 Java 编写的服务端的程序。其主要功能在于交互式地浏览和修改数据，生成动态 WEB 内容。与从命令行启动的 Java 应用程序不同，Servlet 由 WEB 服务器进行加载，因此该 WEB 服务器必须包含支持 Servlet 的 Java 虚拟机。

二、Servlet 工作过程

Servlet 的工作过程如下：客户端发送请求至服务器端，服务器将请求信息发送至 Servlet，Servlet 生成响应内容并将其传给服务器，服务器将响应返回给客户端。当一个 Http 请求到来时，WEB 服务器会将请求信息封装在一个类型为 HttpServletRequest 的对象中，同时创建一个类型为 HttpServletResponse 的对象，提供给 Servlet 来输出响应信息。然后服务器就会调用请求的 doGet() 或者 doPost() 方法，并将两个参数传入。

三、编写 Servlet 程序 HELLOWORLD

在记事本中输入以下代码：

```
import java.io.*;
import javax.servlet.*;
import javax.servlet.http.*;

public class HELLOWORLDServlet extends HttpServlet {
    public void doGet(HttpServletRequest request, HttpServletResponse response) throws Servle-
tException, IOException {
        response.setContentType("text/html");
        PrintWriter out = response.getWriter();
        out.println("<HTML>");
        out.println("<HEAD><TITLE>First Servlet HELLOWORLD</TITLE></HEAD>");
        out.println("<BODY>HELLOWORLD!</BODY></HTML>");
        out.flush();
        out.close();
    }
}
```

至此，Servlet 代码编写完整，接下来是要执行该程序，由于 Servlet 程序需要运行在 WEB 服务器中，因此我们将在下一任务中介绍 WEB 服务器及其程序的部署和运行等相关内容。

【教你一招】在 Servlet 技术之前也曾出现过服务器端程序，叫通用网关接口(CGI)。与 CGI 相比，Java Servlet 的优点在于它的执行速度比 CGI 程序更快。因为 Servlet 中各个用户请求是作为一个线程来执行的，而 CGI 中每个用户请求需要创建单独的进程，所以使用 Servlet 技术，服务器端的系统开销明显降低了。

知识拓展

1. Servlet API

Servlet API 包含两个包：javax.servlet 包与 javax.servlet.http 包。

（1）javax. servlet 包中定义的类和接口是独立于协议的。

（2）javax. servlet. http 包中包含了具体于 HTTP 协议的类和接口。

（3）javax. servlet. http 包中的若干类或接口继承了 javax. servlet 包中的若干类或接口。

2. Servlet API 中常见类和接口

（1）Servlet 接口：包括初始化方法 init、销毁方法 destroy 和请求处理方法 service。

（2）GenericServlet：基础 Servlet 类，对 Servlet 一些常用的方法做简单的封装。

（3）HttpServlet：与 HTTP 协议相关的 Servlet 类，将 service 服务方法拆分成 doGet、doPost、doDelete。

思考练习

一、简答题

简述 Servlet 的运行方式。

二、实训题

在记事本中开发第一个 Servlet 程序——MyFirstServlet。

任务 4　HELLOWORLD 应用程序的部署与运行

本任务学习结束后，您将对如何部署并运行基于 WEB 的 HELLOWORLD 程序有更深一步的了解。

应用场景

基于 WEB 的应用程序无法直接运行，而是需要将上个任务中开发的 Servlet 类部署到 WEB 服务器中，只有通过浏览器访问该 WEB 应用的特定页面，才能在浏览器上看见应用程序预期的输出结果 HELLOWORLD。

任务分析

需要掌握 WEB 服务器的一些特性，选择一个简单易学、容易上手的 WEB 服务器，并了解它的安装过程、工作原理和部署简单的 WEB 应用程序——HELLOWORLD。

解决方案

1. WEB服务器概述
2. Tomcat安装
3. Tomcat启动与关闭
4. 部署Servlet程序并运行

一、WEB服务器概述

WEB服务器可以解析HTTP协议。当WEB服务器接收到一个HTTP请求，会返回一个HTTP响应，例如送回一个HTML页面。为了处理一个请求，WEB服务器可以响应一个静态页面或图片，进行页面跳转，或者把动态响应的产生委托（delegate）给一些其他程序，如CGI脚本、JSP脚本、Servlet、ASP脚本、服务器端JavaScript，或者一些其他服务器端技术。无论它们的目的如何，这些服务器端的程序通常会产生一个HTML的响应来让浏览器可以浏览。

Apache Tomcat是当今使用最为广泛的WEB服务器。

二、Tomcat安装

通过Apache的官网http://tomcat.apache.org/download-70.cgi下载最新的Tomcat 7.0 WEB服务器。

如图1—2所示，开始安装Tomcat。

图1—2　Tomcat安装界面

如图1—3所示，指定Tomcat安装所需组件。

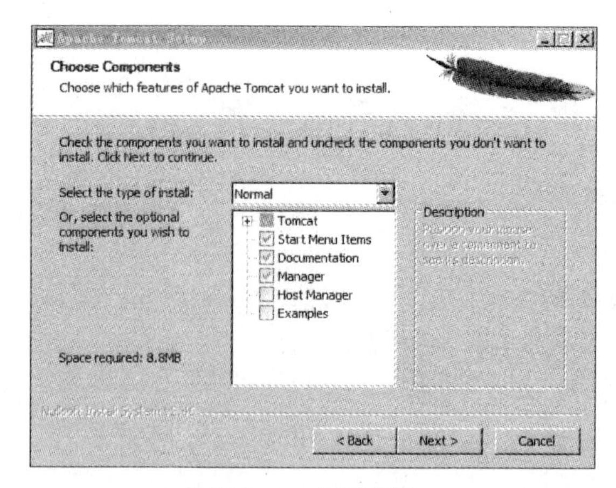

图 1—3　组件选择

如图 1—4 所示，指定 Tomcat 本地安装的路径以及显示所需空间。

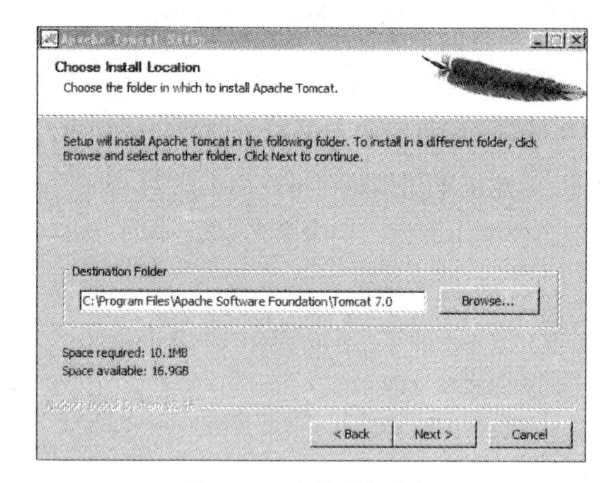

图 1—4　安装路径选择

如图 1—5 所示，在弹出对话框中指定 HTTP 服务器端口号，以及管理员登录所需的用户名和密码。

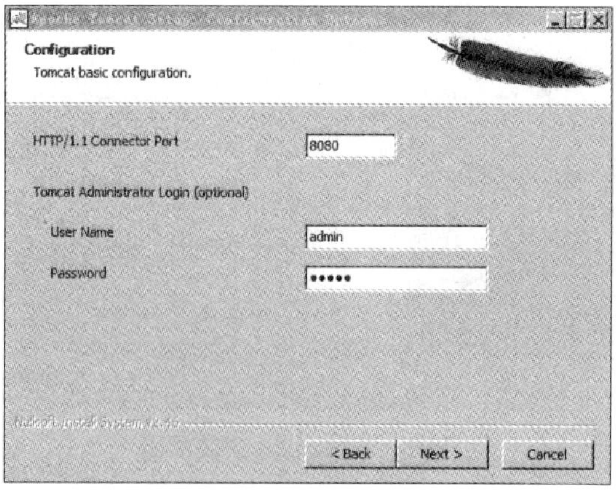

图 1—5　设定端口号、用户名及密码

如图 1—6 所示，提示选择 Java 虚拟机安装路径，可以选择本地安装好的 Java 开发包（JDK）的安装路径（关于 JDK 的安装配置请参见项目二任务 1 的“安装与配置 JDK”）。

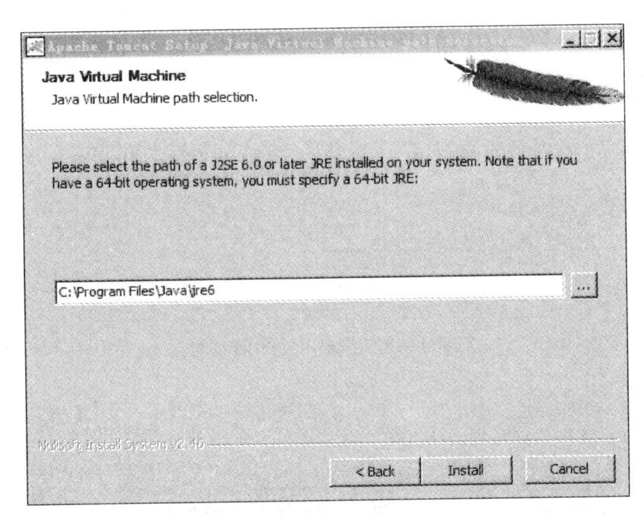

图 1—6　JDK 安装路径

如图 1—7 所示，Tomcat 安装完毕，点击 Finish 按钮即可运行 Tomcat 的 HTTP 服务。

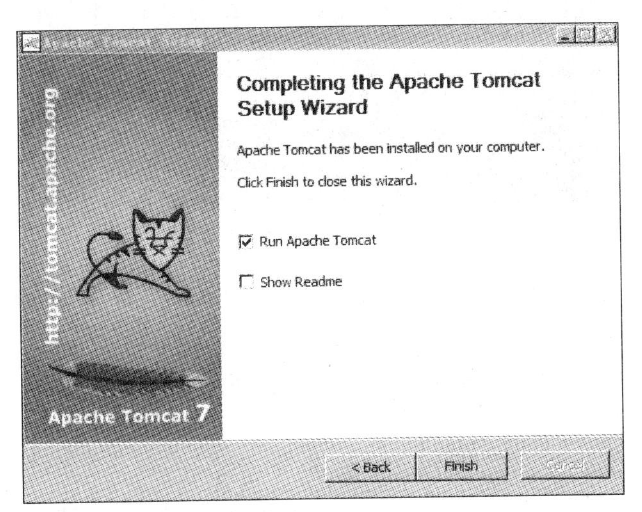

图 1—7　安装完毕

三、Tomcat 启动与关闭

（1）通过图形化界面启动 Tomcat 的 HTTP 服务，如图 1—8 所示，点击“Start”即启动 Tomcat WEB 服务器；当服务器处于运行状态，点击“Stop”，即关闭 Tomcat WEB 服务器。

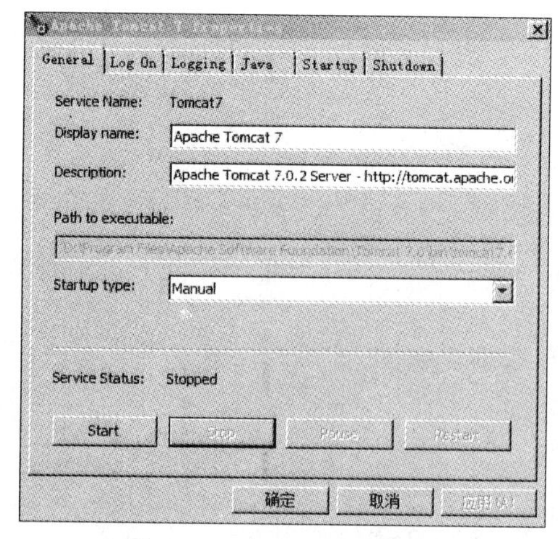

图 1—8　启动/关闭服务器

（2）通过控制台启动 Tomcat 的 HTTP 服务，如图 1—9 所示，按 Ctrl+C 即可退出服务。

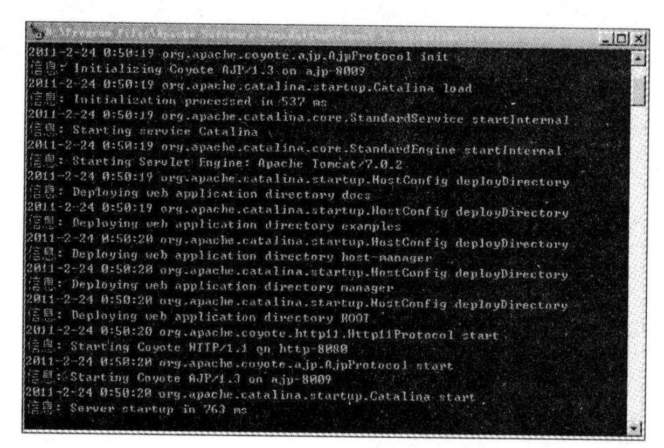

图 1—9　控制台启动服务器

启动 Tomcat 之后，在浏览器中输入 http：//127.0.0.1：8080/或 http：//localhost：8080/，如果出现 Tomcat 的默认主页，则表示 Tomcat 安装成功，如图 1—10 所示。

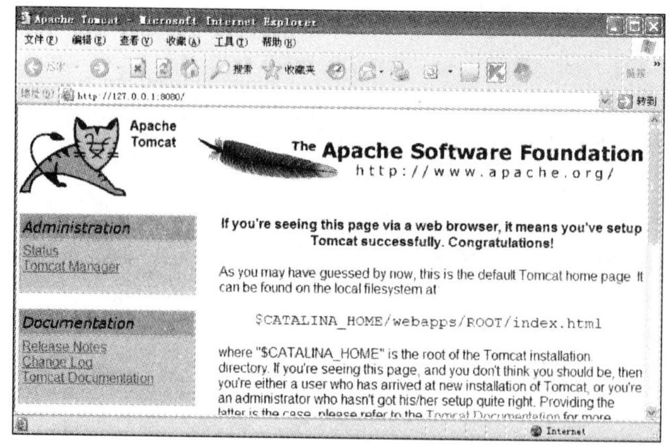

图 1—10　Tomcat 默认主页

四、部署 Servlet 程序并运行

Tomcat 安装配置好后，接下来我们将把 WEB 应用程序部署到 Tomcat 服务器中并运行，具体步骤如下：

（1）将 Servlet 源程序编译成 Java 类文件；

（2）将编译好的 Servlet 类文件放入 Tomcat 特定目录中；

（3）配置 xml 文件；

（4）启动 Tomcat 服务器；

（5）通过浏览器执行。

在编译 Servlet 时，需要将 Servlet API 的 jar 文件（servlet-api. jar）加入 classpath 中，该 jar 文件位于 Tomcat 安装目录的 lib 目录下。然后运行 javac 命令将 Servlet 源文件编译成 Java 类文件：

javac-classpath C：\ Tomcat \ lib \ servlet-api. jar HELLOWORLDServlet. java

以上命令编译 HELLOWORLDServlet. java 文件，生成的 HELLOWORLDServlet. class 文件需要放到 Tomcat 服务器的指定位置。

Tomcat 的 webapps 目录是 Tomcat 默认的应用目录，当服务器启动时，会加载所有这个目录下的应用。所以我们在 webapps 目录下新建一个目录 MyWebApp，在该目录下新建一个文件夹 WEB-INF，然后再新建一个目录 classes，如图 1—11 所示。

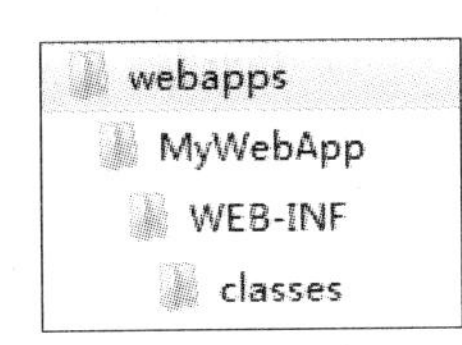

图 1—11　Tomcat 目录

把前面编译好的 HELLOWORLDServlet. class 文件放到 classes 目录下。

接下来在 WEB-INF 文件夹下新建一个 WEB. xml 文件，该文件是 Tomcat 中 WEB 应用程序的部署描述文件，它的内容如下：

```
<?xml version = "1. 0"encoding = "UTF - 8"?>
<web - app version = "2. 5"
    xmlns = "http://java. sun. com/xml/ns/javaee"
    xmlns:xsi = "http://www. w3. org/2001/XMLSchema - instance"
    xsi:schemaLocation = "http://java. sun. com/xml/ns/javaee
    http://java. sun. com/xml/ns/javaee/web - app_2_5. xsd">
  <servlet>
    <servlet - name>HELLOWORLD</servlet - name>
    <servlet - class>HELLOWORLDServlet</servlet - class>
  </servlet>
  <servlet - mapping>
    <servlet - name>HELLOWORLD</servlet - name>
    <url - pattern>/HELLOWORLD</url - pattern>
  </servlet - mapping>
</web - app>
```

关于该文件的具体信息，请参见项目三任务 4 的“程序的部署”。

类文件和部署描述文件就位后，接下来就可以启动 Tomcat 服务器了，一旦服务器启动完成，在客户端浏览器中输入 http：//localhost：8080/MyWebApp/HELLOWORLD，就能看到程序运行的结果 HELLOWORLD 了。

> 【教你一招】Tomcat 是一个免费的开源的 Servlet/JSP 容器，它是 Apache 基金会的 Jakarta 项目中的一个核心项目，由 Apache、Sun 和其他一些公司及个人共同开发而成。由于有了 Sun 公司的参与和支持，最新的 Servlet 和 JSP 规范总能在 Tomcat 中得到体现。Tomcat 被 *Java World* 杂志的编辑选为 2001 年度最具创新的 Java 产品，可见其在业界的地位。

知识拓展

Tomcat 默认安装的 HTTP 服务器端口号是 8080，如果有需要修改端口号，可以到 Tomcat 安装目录下的 conf 文件夹下，使用文本编辑器打开服务器配置文件 server. xml，找到＜Connector port＝“8080” protocol＝“HTTP/1. 1” 这一项，其中的 8080 就是 Tomcat 的默认端口号，把它改成你想要的端口号，如 9090，然后重新启动 Tomcat。在浏览器中输入 http：//127. 0. 0. 1：9090/或 http：//localhost：9090/，如果出现 Tomcat 的默认主页，则表示 Tomcat 端口修改成功。

思考练习

一、简答题

WEB 服务器的作用是什么？

二、实训题

将上一任务中开发的 Servlet 程序 MyFirstServlet 部署到 WEB 服务器中，并运行。

综合实训

利用 Servlet 来编写一个 WEB 应用程序，用该程序打印出 “This is my first web application”，并将 WEB 应用部署到 Tomcat 中执行。

项目二

Java EE 开发环境搭建

人们常用“小米加步枪”与“飞机大炮”进行对比，在项目一开发过程中的如用记事本来编写Java代码，然后通过命令行编译，最后在Tomcat中手动创建相关目录及手动创建部署描述文件，这些手段就像“小米加步枪”，会造成开发效率低下，无法及时完成软件外包任务。工欲善其事，必先利其器，接包方SISO公司在正式编写Java EE程序之前，必须对开发、测试和部署环境做个好的规划。

任务 1　安装与配置 JDK

JDK（Java Development Kit）是 Sun 公司针对 Java 开发人员的产品。自从 Java 推出以来，JDK 已经成为使用最广泛的 Java SDK。JDK 是整个 Java 的核心，包括 Java 运行环境、Java 工具和 Java 基础类库。JDK 是学好 Java 的第一步，Sun 公司从 JDK5.0 开始，提供了泛型等非常实用的功能，其版本也不断更新，运行效率得到了非常大的提高。

应用场景

首先要学会安装 Java EE 环境，并且要能熟练使用 Java EE 环境。

任务分析

因为 SISO 公司利用 Eclipse IDE 工具来简化开发 Java EE 程序，在安装使用 Eclipse之前，必须先安装 JDK。本节以 JDK5.0 为例，介绍 JDK 的安装和配置。

解决方案

1. JDK 安装
2. JDK 配置

一、JDK 安装

跟随安装屏幕提示，一般情况下按下“下一步”即可，如图 2—1～图 2—3 所示。在最后出现安装完成的界面后，点击“完成”即可，如图 2—4 所示。在安装过程中可以修改默认安装路径（如 D：\ Program Files \ Java \ ）。

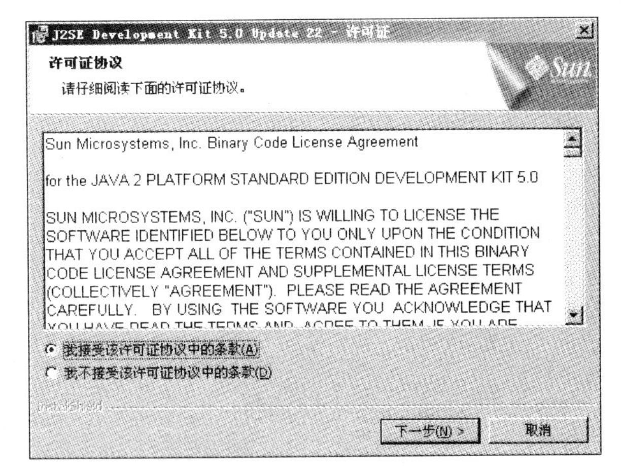

图 2—1 许可证对话框

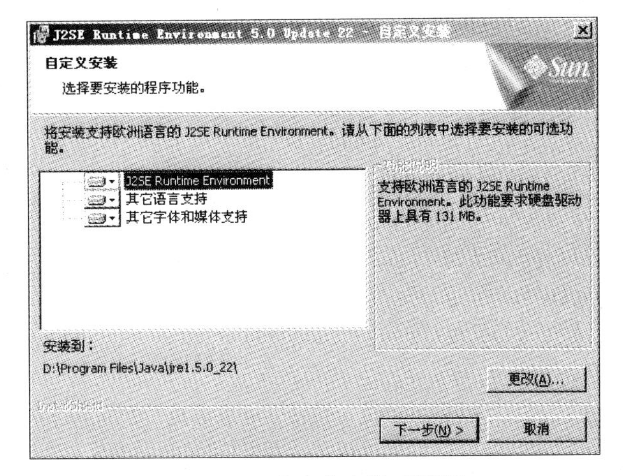

图 2—2 自定义安装对话框

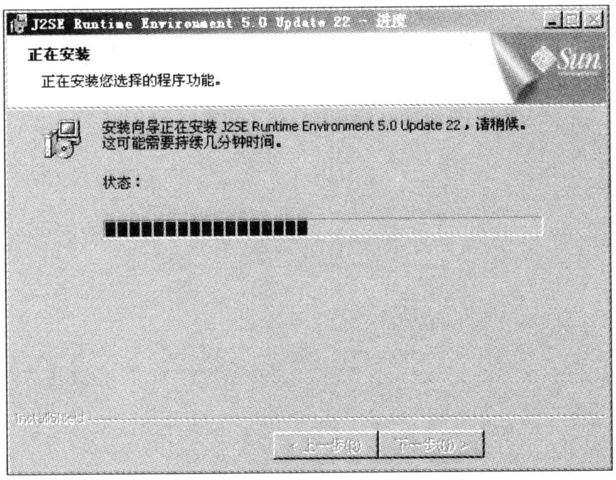

图 2—3 安装进度对话框

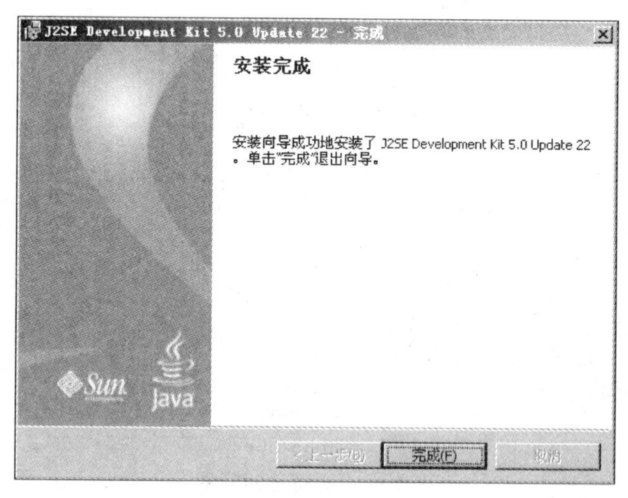

图 2—4　安装完成对话框

二、JDK 配置

（1）在 Windows 桌面上用鼠标右键单击“我的电脑”图标，选择“系统属性”菜单。选中“高级”选项卡，点击“环境变量”按钮，如图 2—5 所示。

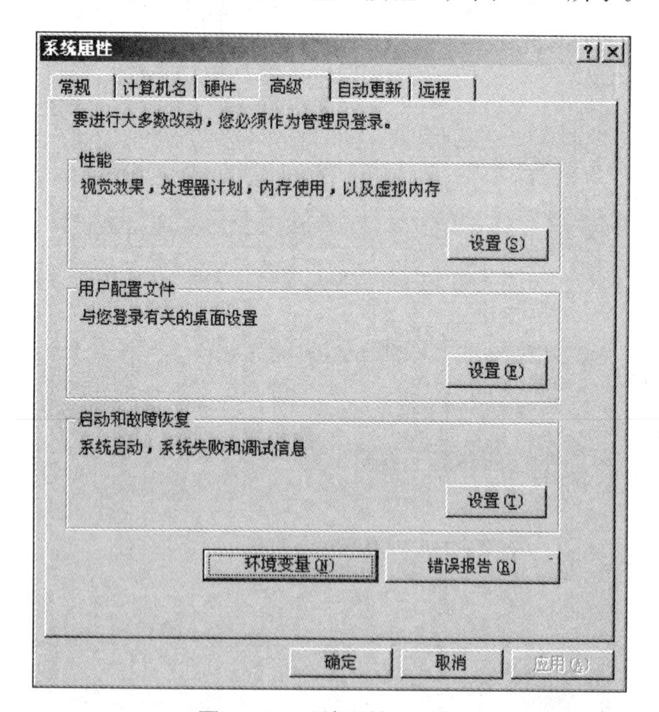

图 2—5　系统属性对话框

（2）在出现的“环境变量”对话框中，点击“系统变量”下的“新建”按钮，如图 2—6 所示。

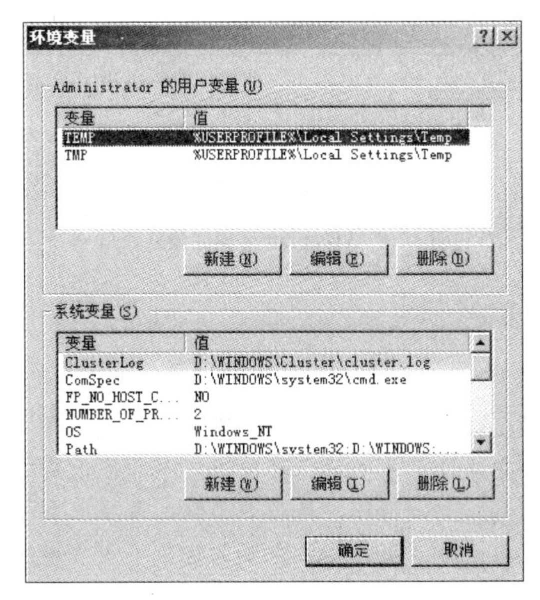

图 2—6 环境变量对话框

（3）在“变量名”中输入 JAVA _ HOME，“变量值”为 JDK 的安装路径，本任务中安装在 D:\ Program Files \ Java \ jdk1.5.0 _ 22，点击“确定”即可完成配置，如图 2—7 所示。

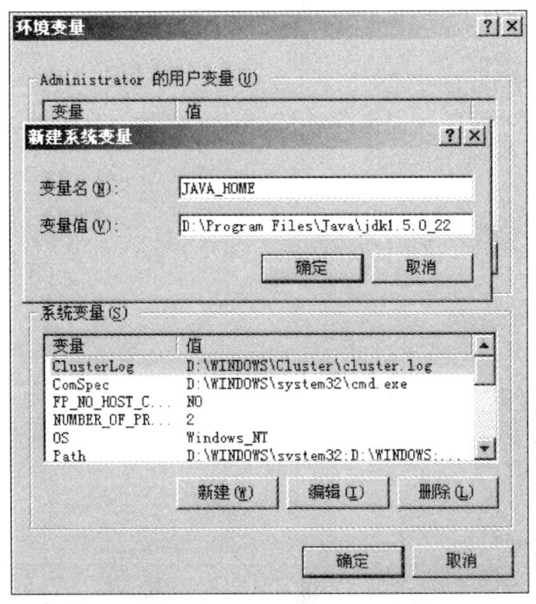

图 2—7 新建环境变量对话框

【教你一招】如果您使用的是 JDK5.0 以前的版本，则必须再设置一个 classpath 环境变量（如图 2—8 所示），值为：

;%JAVA_HOME%\lib\tools.jar;%JAVA_HOME%\jre\lib\rt.jar;

图 2—8　classpath 环境变量对话框

知识拓展

环境变量一般是指在操作系统中用来指定操作系统运行环境的一些参数，如临时文件夹位置和系统文件夹位置等。环境变量是给应用程序设置的一些参数，起什么作用与具体的环境变量相关。比如 path，是告诉系统，当要求系统运行一个程序而没有告诉它程序所在的完整路径时，系统应该在哪些目录下查找该应用程序。环境变量分为两类：用户变量和系统变量。用户环境变量只有以当前用户登录时，才能使用；而系统环境变量，是任何用户都能使用的变量。

除了可以使用图形界面进行环境变量设置外，我们还可以使用命令行的方式进行设置，如使用 set 命令可以设置、查看或删除某个环境变量的值。但是需要注意，在 dos 窗口中以命令行方式对环境变量的操作只对当前 dos 窗口的应用有效。

set 命令的格式为：

```
set [variable=[string]]
```

其中，variable 为环境变量名字，string 为环境变量的值，若要清空变量值，则直接设置 string 为空。

例如：

```
>set path
显示环境变量 path 的值
>set myvar=123
设置环境变量 myvar 的值为 123
>set myvar=
清空环境变量的值
```

如图 2—9 所示。

图 2—9　环境变量的设置

思考练习

一、简答题

简要描述系统环境变量的概念和作用。

二、实训题

同时使用图形化和命令行的方式设置环境变量 JAVA_HOME，并比较这两种设置方式的差异。

任务 2 安装与配置 Eclipse 集成开发环境

Eclipse 是一个基于 Java 的可扩展的开放源代码 IDE。Eclipse 具有功能强大的 Java 开发环境，这个 Java 开发环境使 Eclipse 成为引人注目的集成开发环境。而更令人兴奋的是，通过插件的形式，Eclipse 可以扩展自身的功能，构建出 WEB 项目和移动项目的开发环境。

应用场景

为了编写 Java EE 程序，SISO 公司需要一个集成代码编写功能、编译功能、调试功能等一体化的软件开发平台。Eclipse 就是这样一个集成开发环境，包括代码编辑器、编译器、调试器和图形用户界面等一系列工具，在方便用户的同时，极大地提高了程序开发效率。

任务分析

本任务将以 eclipse-jee-helios 为例，介绍 Eclipse 的安装和配置。

解决方案

1. Eclipse IDE 下载
2. Eclipse IDE 配置
3. Eclipse 开发 WEB 应用程序步骤

一、Eclipse IDE 下载

（1）进入 Eclipse 的下载页面 http：//www. eclipse. org/downloads/，点击“Eclipse IDE for Java EE Developers”右边的“Windows 32 Bit”，进入 eclipse-jee-helios-win32. zip 下载页面，如图 2—10 所示。

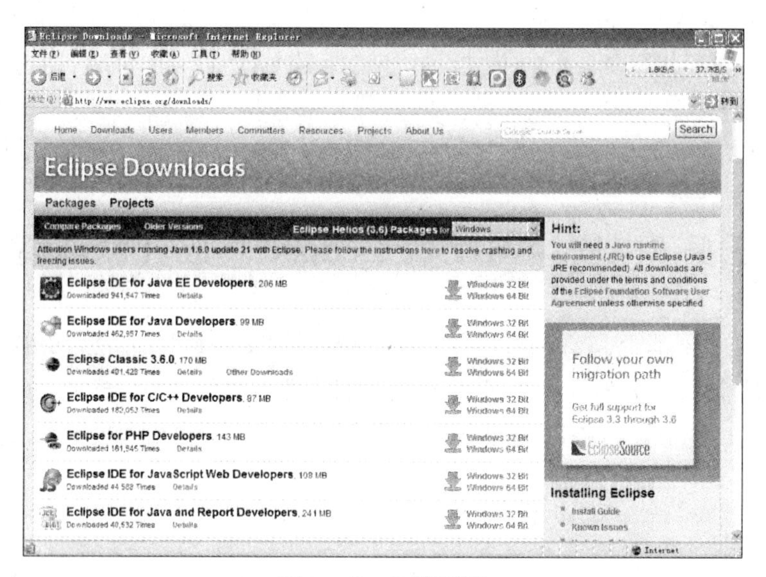

图 2—10　下载页面

（2）点击下载图标，如图 2—11 所示，将 eclipse-jee-helios-win32. zip 下载到本地的工作目录，如：E:\ develop。

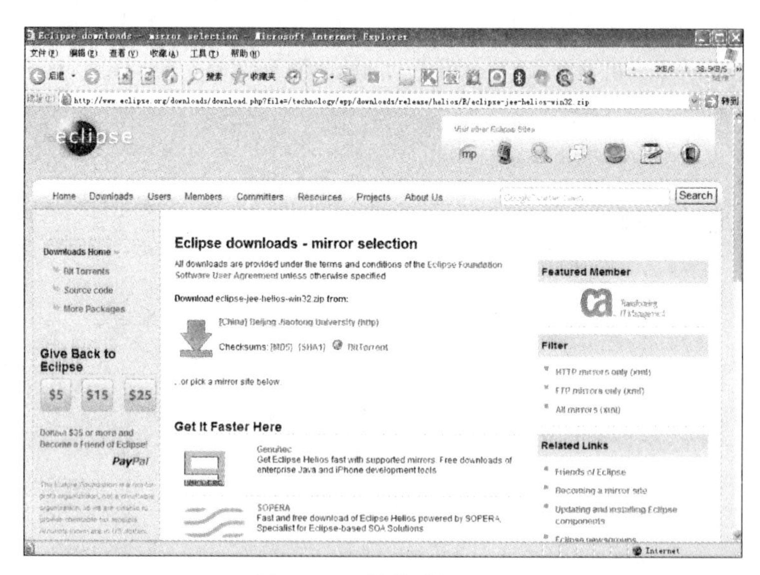

图 2—11　镜像选择页面

二、Eclipse IDE 配置

（1）Eclipse 不需要安装，下载完毕之后，解压缩到当前文件夹即可使用。双击 eclipse. exe 运行 Eclipse，Eclipse 主界面如图 2—12 所示。

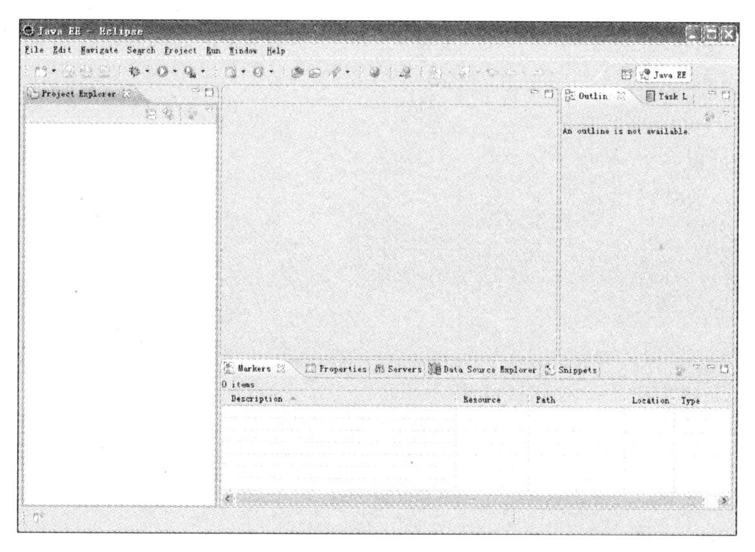

图 2—12　Eclipse 主界面

（2）选择 Window 菜单下的 Preferences 菜单。选择 Server 下的“Runtime Environments”配置 Tomcat，点击“Add...”按钮，如图 2—13 所示。

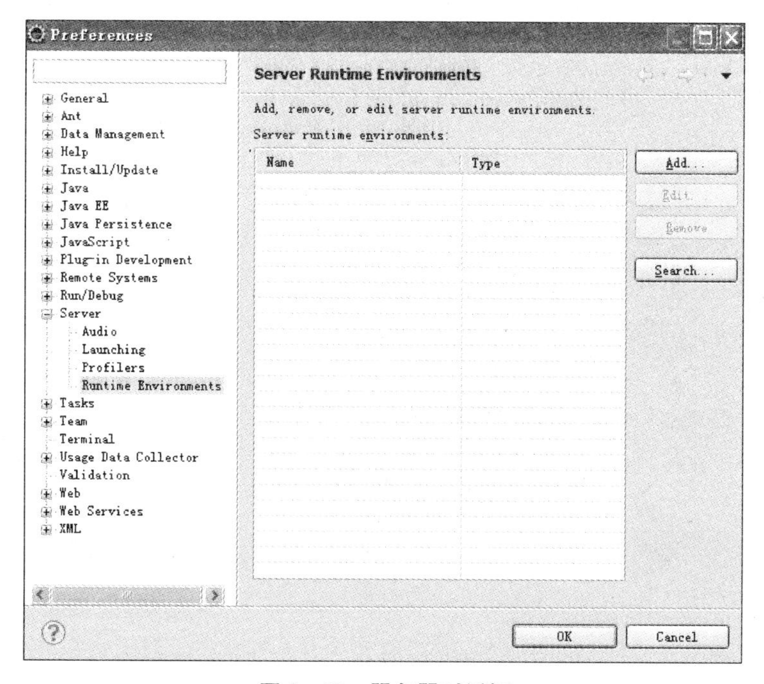

图 2—13　服务器对话框

（3）选择“Apache Tomcat v6.0”，点击“Next >”按钮，如图 2—14 所示。

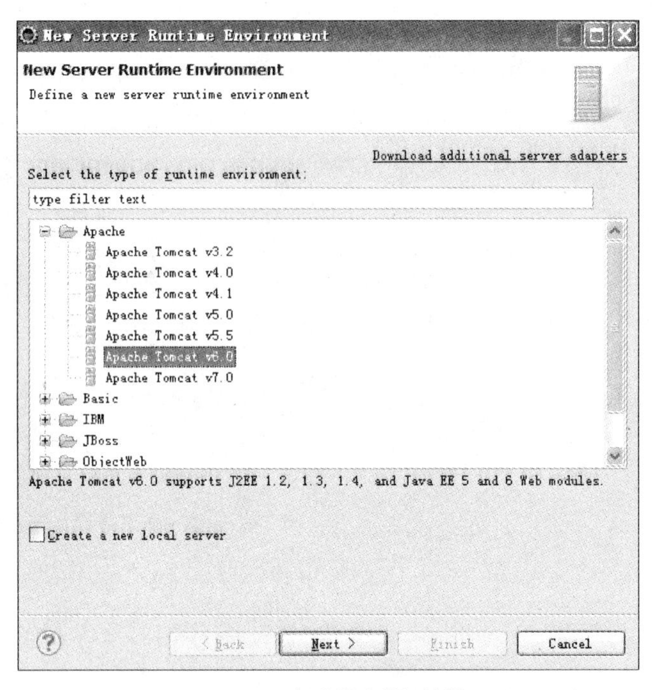

图 2—14 新建服务器对话框

（4）出现设定安装目录对话框，点击“Browse...”按钮，选择 Tomcat 的安装目录，如图 2—15 所示。然后点击“Finish”按钮，完成 Tomcat 目录的设置。

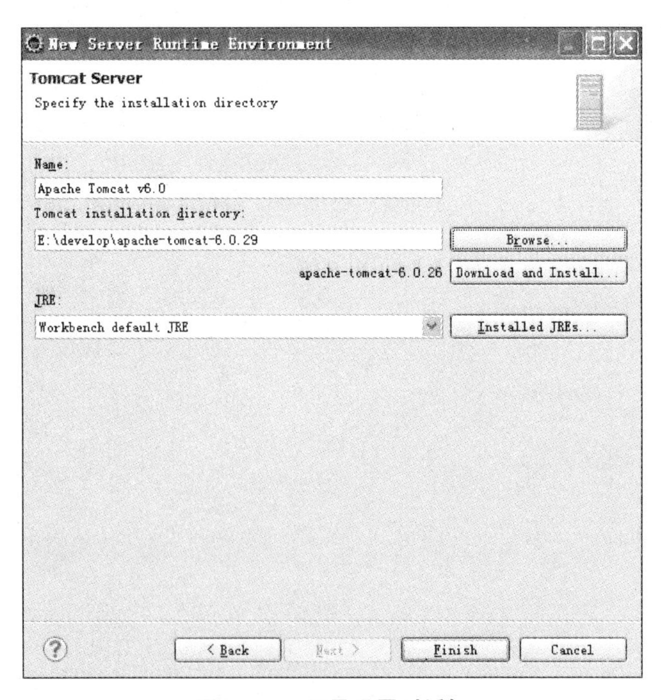

图 2—15 目录设置对话框

（5）点击“OK”按钮，完成 Runtime Environments 的设置，如图 2—16 所示。

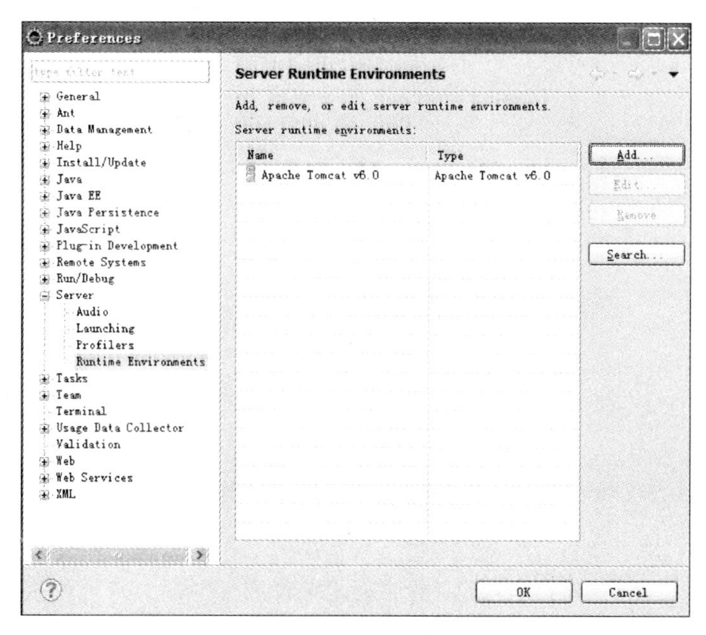

图 2—16　服务器对话框

（6）为 Eclipse 工作台添加“Servers”视图，依次选择菜单“Window”→“Show View”。选择“Server”下的“Servers”，如图 2—17 所示。

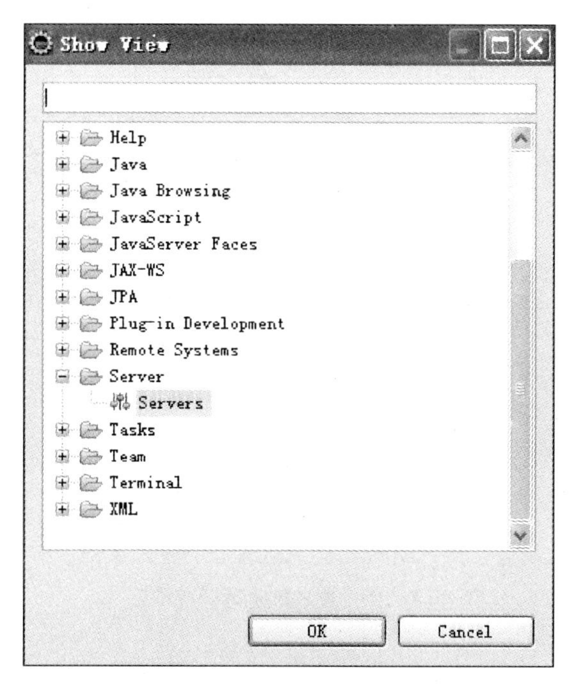

图 2—17　Show View 列表对话框

（7）在 Eclipse 的工作台会出现“Servers”视图，在“Servers”视图中点击鼠标右键，选择“New”→“Server”菜单，如图 2—18 所示。

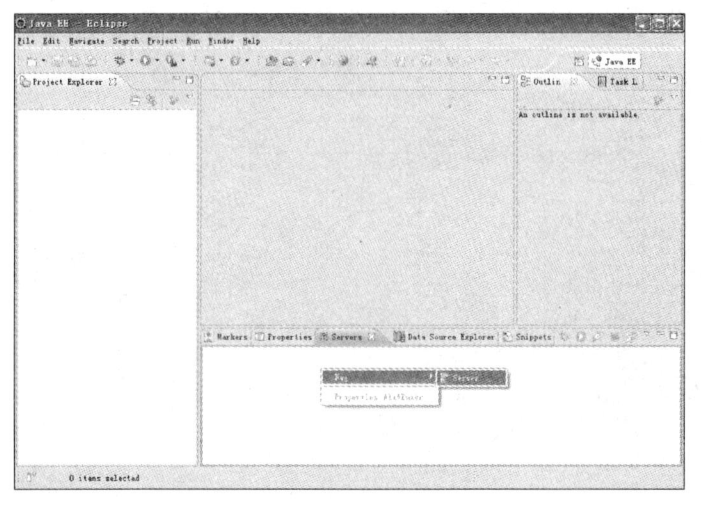

图 2—18　添加服务器菜单

(8) 出现定义新服务器对话框，选择刚才配置的 Tomcat v6.0 Server，如图 2—19 所示，点击“Finish”按钮，完成服务器的配置。

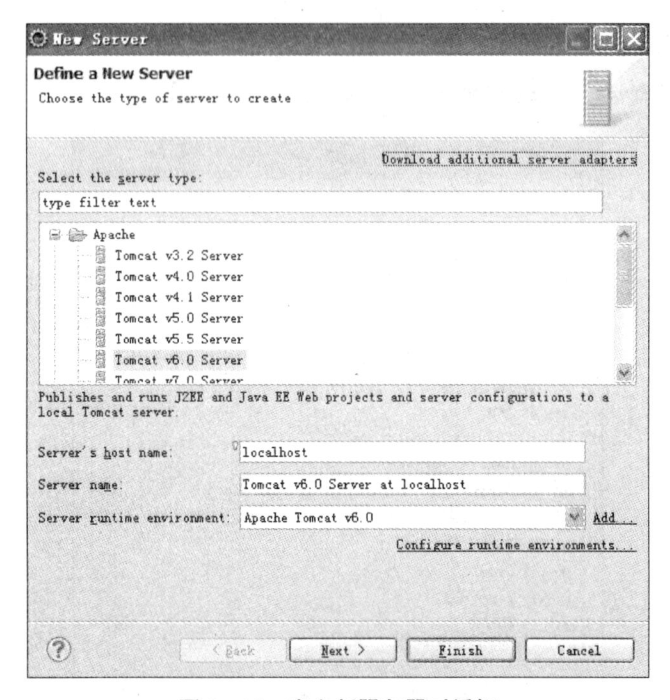

图 2—19　定义新服务器对话框

(9) 在“Servers”视图中会出现刚才配置的 Tomcat v6.0 Server，选中该项，点击鼠标右键，如图 2—20 所示，选择“Start”菜单启动 Tomcat 服务器，选择“Stop”菜单停止 Tomcat 服务器。或者用户可以点击 Tomcat v6.0 Server 右边的 按钮来启动 Tomcat 服务器，点击 ▣ 按钮停止 Tomcat 服务器。

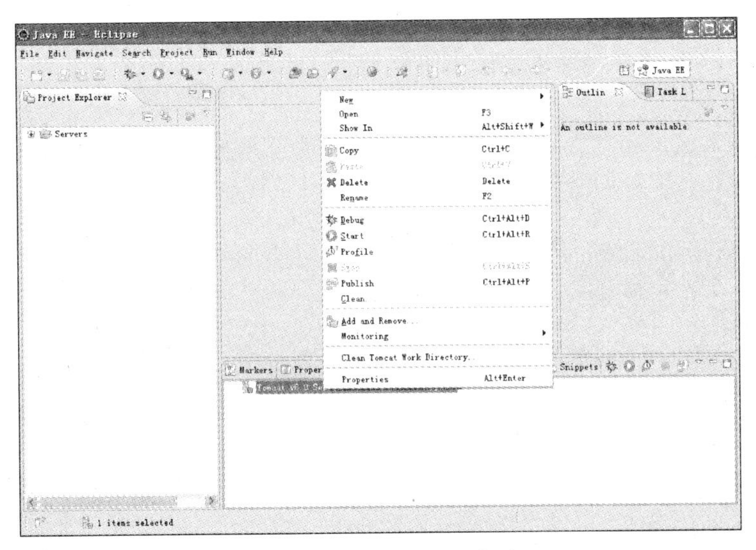

图 2—20　服务器启动菜单

（10）Tomcat 服务器启动之后，可以在“Console”视图中看到 Tomcat 的启动信息，如图 2—21 所示。

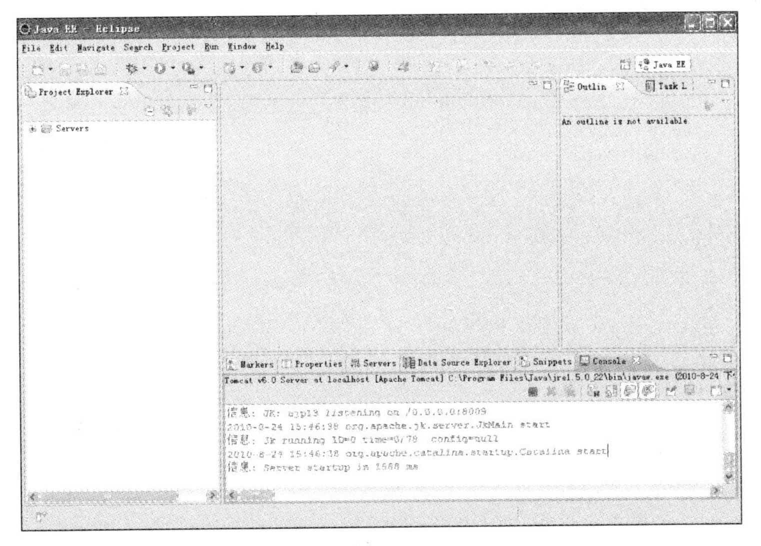

图 2—21　服务器启动信息

【教你一招】除了上面介绍的 eclipse-jee-helios 以外，还有很多 IDE 工具可供选择，其中比较优秀的就是 MyEclipse，它提供了很多 Java EE 的插件集合，对各种开源产品的支持也十分不错。

三、Eclipse 开发 WEB 应用程序步骤

Eclipse 安装和配置完成之后，就可以创建 WEB 应用程序了。让我们建立第一个 WEB 应用程序 first。具体步骤如下：

（1）依次选择“File”→“New”→“Other...”，出现新建向导对话框，如图 2—22 和图 2—23 所示，选择“Dynamic Web Project”，点击“Next>”按钮。

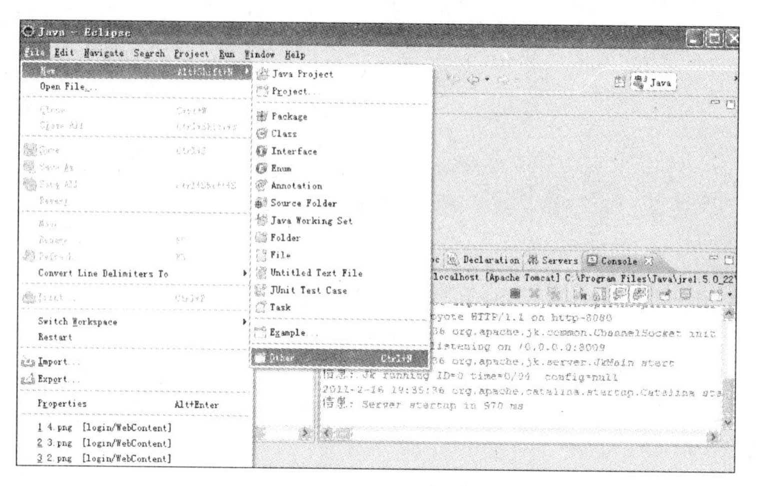

图 2—22 新建菜单

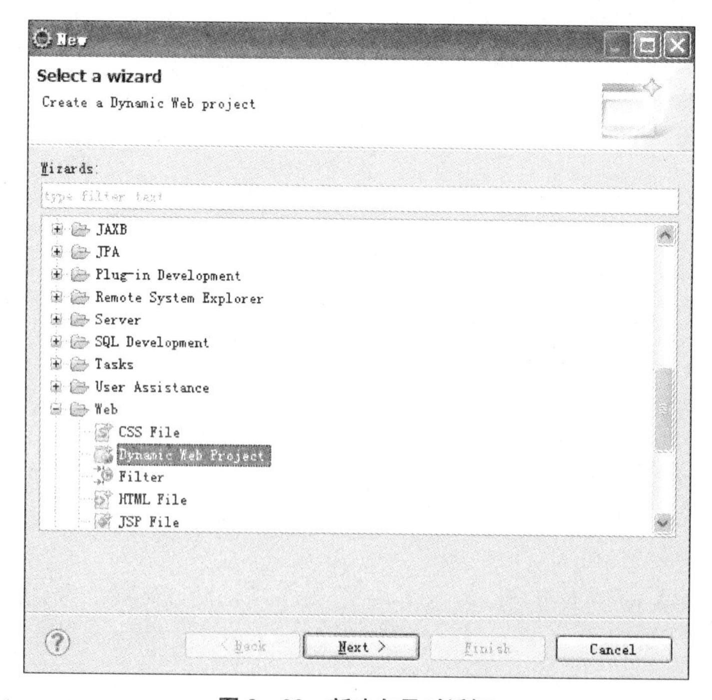

图 2—23 新建向导对话框

（2）出现新建项目对话框，输入项目的名称，这里为“first”，如图 2—24 所示。

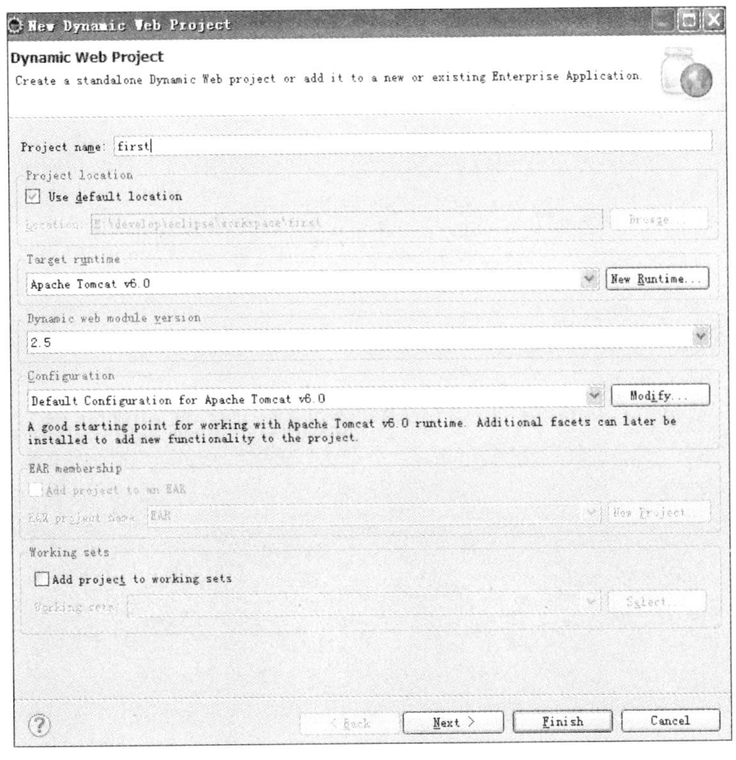

图 2—24　新建项目对话框

(3) 给项目添加第一个 jsp 页面，右键点击 WebContent，选择 “New” → “JSP File”，如图 2—25 所示。

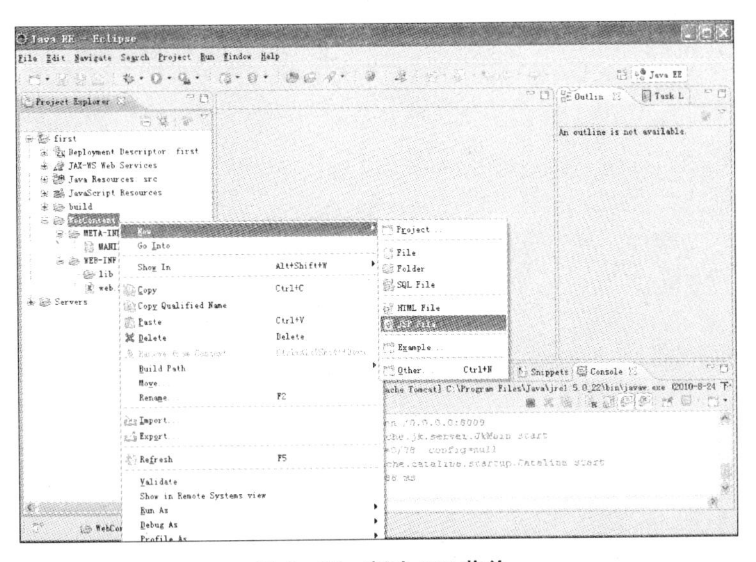

图 2—25　新建 JSP 菜单

(4) 输入名称为 “first”，点击 “Finish” 按钮，如图 2—26 所示。

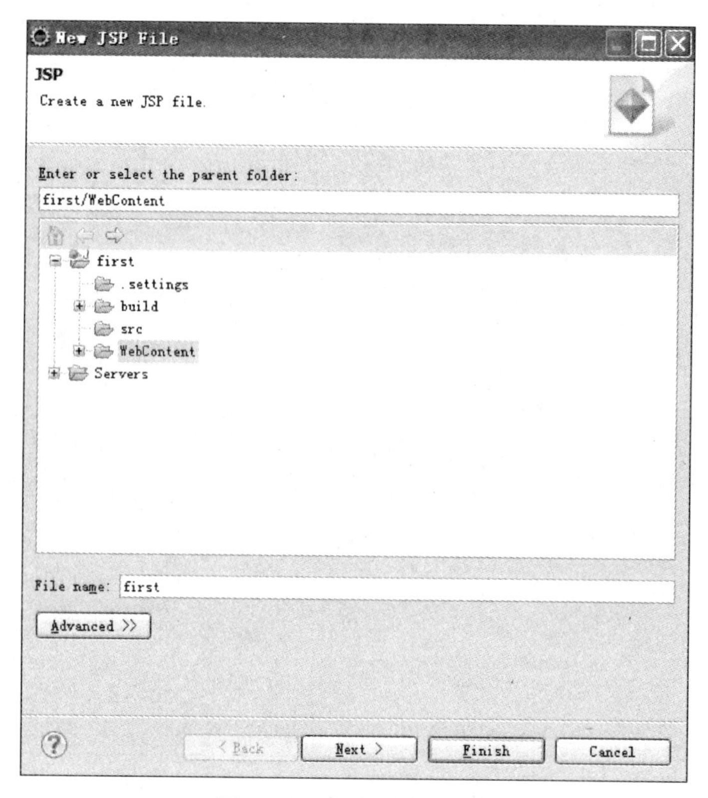

图 2—26　新建 JSP 对话框

（5）在工作台右边的编辑器视图中出现 first. jsp 的代码，在<body>与</body>之间输入内容“Hello，this is the first JSP!”，如图 2—27 所示。

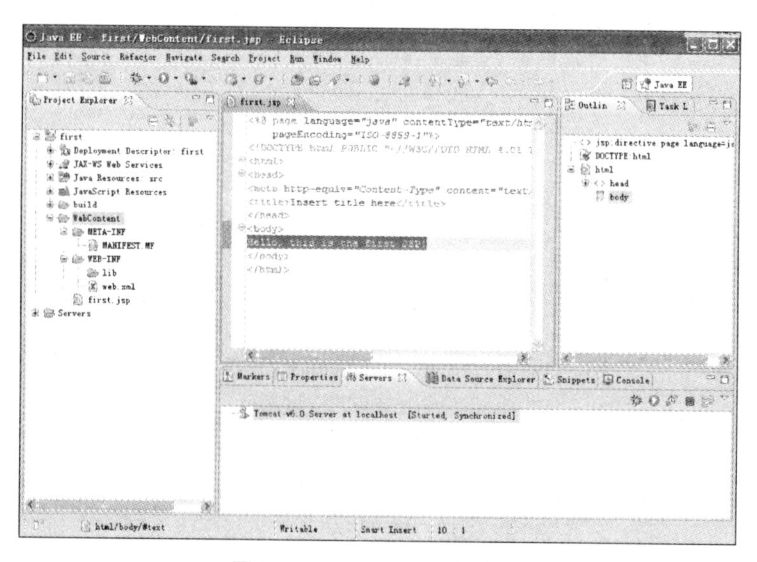

图 2—27　JSP 文件编辑窗口

（6）下面将 first WEB 应用程序部署到 Tomcat v6. 0 服务器中，在“Servers”视

图中选中 Tomcat v6.0 服务器，点击鼠标右键，选择“Add and Remove...”菜单，如图 2—28 所示。

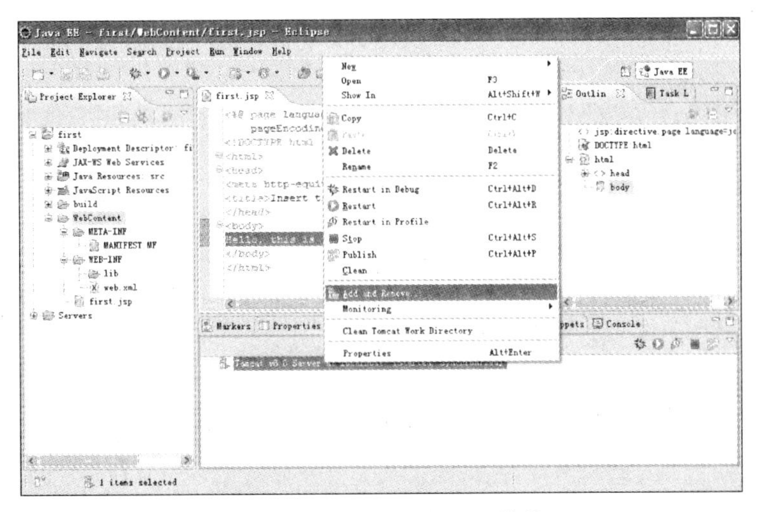

图 2—28　服务器配置项目菜单

（7）出现添加和移出资源对话框，选中刚才建立的 first WEB 项目，如图 2—29 所示，点击“Add>”按钮，将 first WEB 项目从 Available 移动到 Configured 列表中。

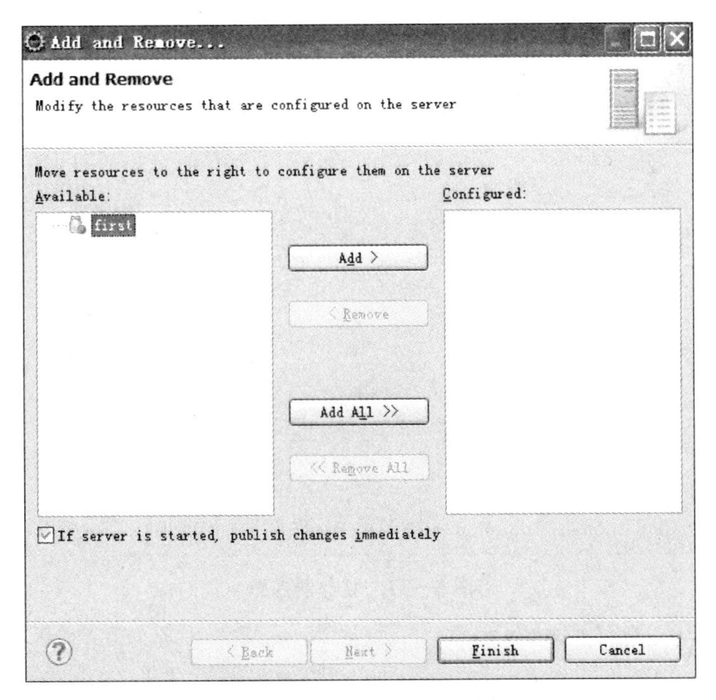

图 2—29　服务器配置项目对话框（1）

（8）点击“Finish”按钮，将 first WEB 项目添加到 Tomcat 中，如图 2—30 所示。

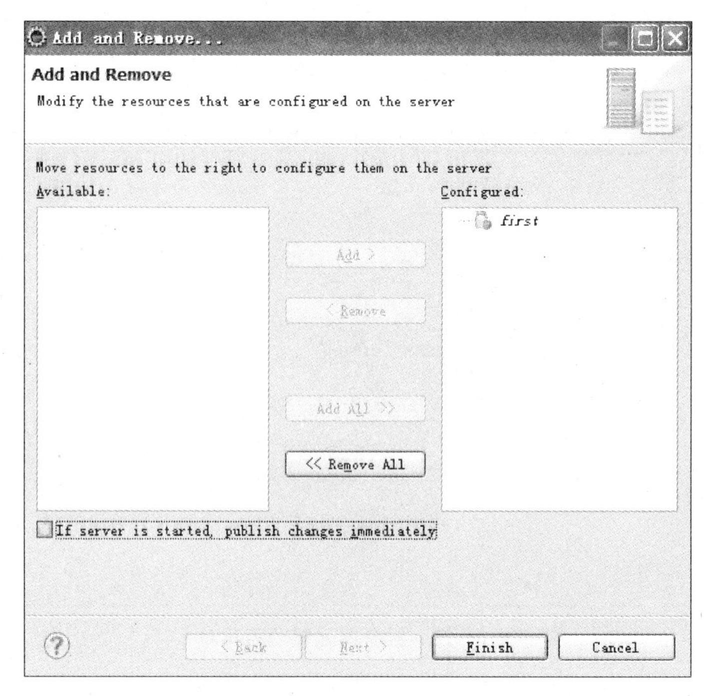

图 2—30　服务器配置项目对话框（2）

（9）在“Tomcat v6.0 Server at localhost”下出现了名为 first 的 WEB 应用程序，如图 2—31 所示。

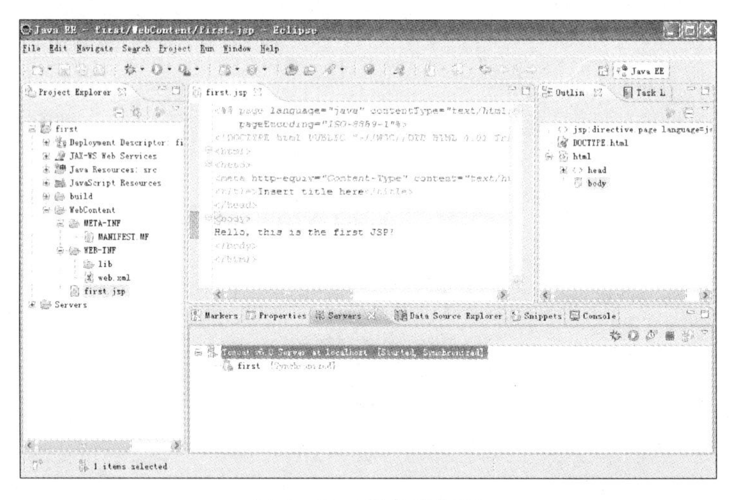

图 2—31　服务器视图

（10）重新启动 Tomcat。在 Tomcat 运行模式下，点击 按钮重新启动 Tomcat 服务器。在 first.jsp 页面的编辑窗口中点击鼠标右键，选择“Run As”→“Run on Server”菜单，可以在 Eclipse 中看到 JSP 程序运行的结果。也可以用 IE 浏览器访问 JSP 页面，将 Eclipse 中的地址 http://localhost:8080/first/first.jsp 复制到 IE 浏览器的地址栏，访问 JSP 页面，显示结果如图 2—32 所示。

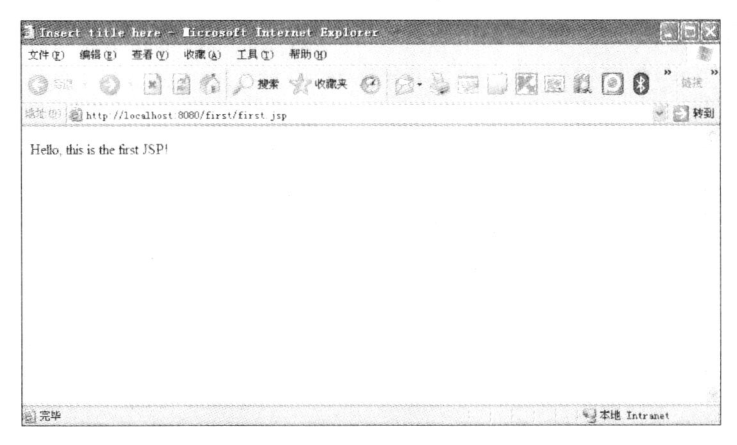

图 2—32 界面显示效果

知识拓展

在Eclipse网站下载过程中，由于Eclipse版本众多，初学者往往很难选择合适的版本进行Java EE程序的开发。这里简单介绍下Eclipse各版本间的区别：Eclipse IDE for Java Developers是为开发Java SE程序（即桌面程序）的开发者使用的，Eclipse IDE for Java EE Developers是为开发Java EE程序的开发者使用的。本书的读者应当选择后一个版本下载使用。

思考练习

一、简答题

在项目一中，我们使用记事本开发并编译了第一个WEB应用程序HELLOWORLD，试比较使用记事本和Eclipse开发WEB应用程序各自的优缺点。

二、实训题

1. 访问Eclipse的站点http：//www.eclipse.org/，下载并配置Eclipse。

2. 使用Eclipse开发一个简单的WEB程序，在屏幕上输出“This is my first web application”。

任务3 安装与配置数据库服务器MySQL

MySQL是一个小型关系型数据库管理系统，被广泛应用在互联网上的中小型网站中。MySQL的开发者为瑞典MySQL AB公司，在2008年1月16日被Sun公司收购，而2009年Sun公司又被Oracle公司收购。MySQL是一个真正的多用户、多线程SQL数据库服务器，它以客户机/服务器结构实现，由一个服务器守护程序mysqld和很多不同的客户程序及库组成。

应用场景

SISO公司在了解了本次外包项目是要开发一个购物网站后，觉得普通的网站静态页面是无法收集来访者信息的，而更多情况下为了加强网站营销效果，往往需要搜集大量潜在客户的信息，或者要求来访者成为会员，从而提供更多的服务，另外如果没有方便的搜索功能，用户将很难找到自己所需的产品，这对网站的营销将产生不良影响。所有这些问题，都暗示着只有通过某个数据库才能解决。

任务分析

本任务以mysql-5.1.49为例，介绍MySQL的安装和配置。

解决方案

1. 数据库的选择
2. MySQL下载、安装
3. MySQL配置

一、数据库的选择

MySQL是一个小型关系型数据库管理系统，被广泛地应用在Internet上的中小型网站中。虽然与其他大型数据库管理系统，如Oracle、DB2、SQL Server等相比，MySQL自有它的不足之处，如规模小、功能有限等，但是由于MySQL体积小、速度快、成本低，尤其是开放源码这一特点，因此许多中小型网站为了降低网站总体运营成本而选择了MySQL作为网站数据库。而且对于一般的个人使用者和中小型企业来说，MySQL提供的功能也已绰绰有余。

二、MySQL下载、安装

1. MySQL下载

进入MySQL的下载页面http：//www.mysql.com/downloads/mysql/，选择

platform 为 Microsoft Windows，点击“Windows (x86，32-bit)，MSI Installer”右边的“Download”按钮，如图 2—33 所示，进入下载 mysql-5.1.49-win32.msi 的页面。

(1) 如果你是第一次下载 mysql，并且还没有在 mysql.com 站点上注册过，请选择“Proceed”，如图 2—34 所示，进行新用户注册，注册完毕之后，进入到下载页面。

(2) 还可以选择通过 HTTP 或者 FTP 下载 mysql-5.1.49-win32.msi，如图 2—35 所示。

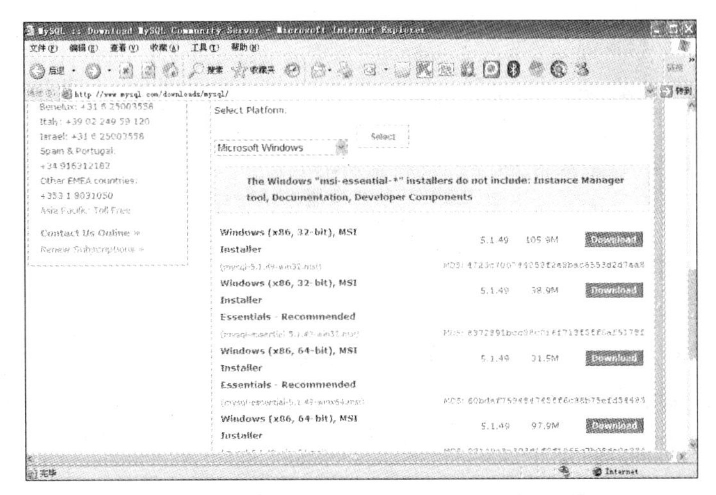

图 2—33　下载页面

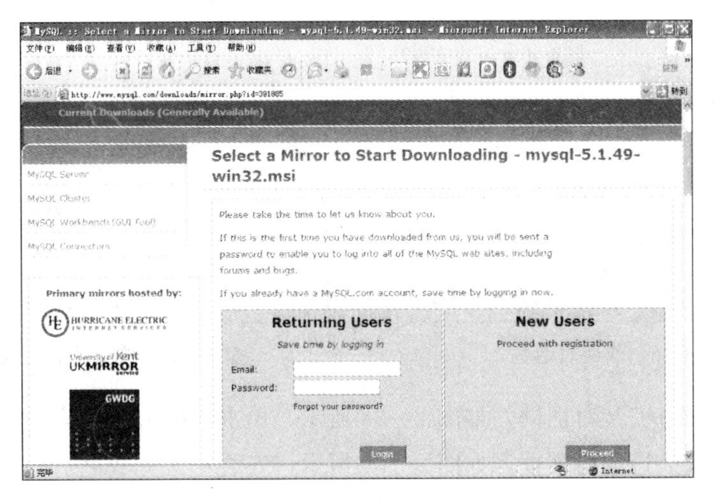

图 2—34　用户注册页面

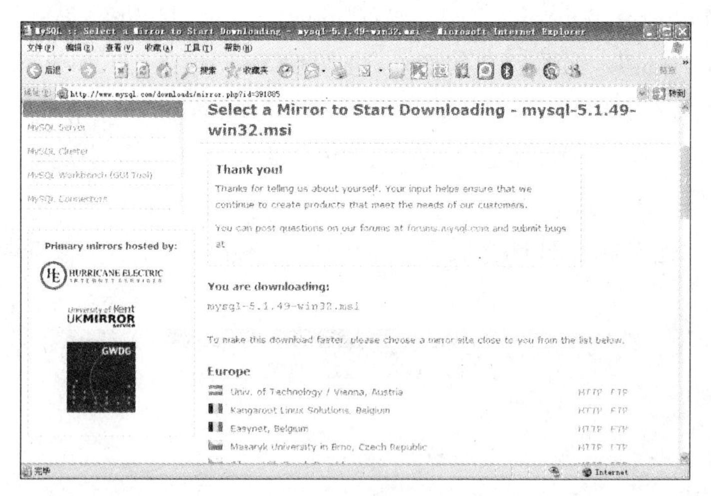

图 2—35 下载镜像选择页面

2. MySQL 安装

（1）下载完毕之后，双击 mysql-5.1.49-win32.msi，运行安装程序，出现如图 2—36 所示的欢迎对话框，点击“Next>”按钮继续安装。

（2）打开安装类型选择对话框，如图 2—37 所示，选择典型（Typical）安装，单击“Next>”按钮继续安装。

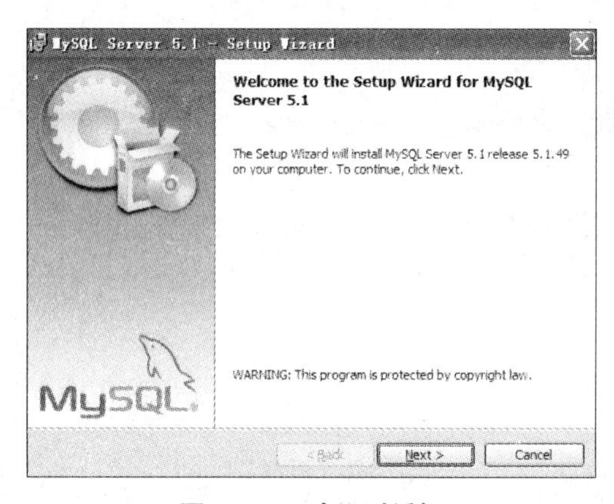

图 2—36 欢迎对话框

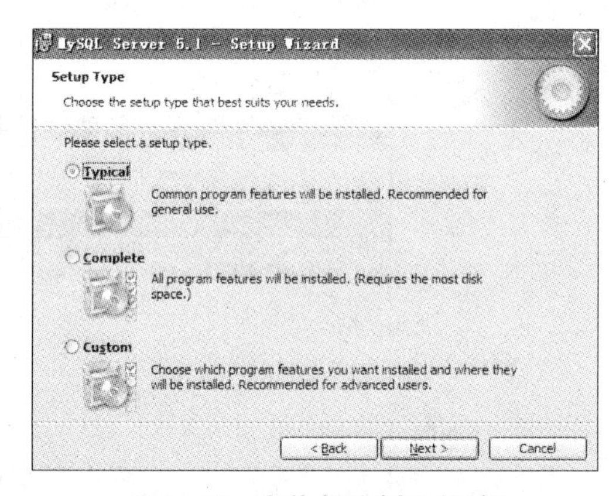

图 2—37 安装类型选择对话框

（3）打开准备安装对话框，如图 2—38 所示，单击“Install”按钮继续安装。

（4）出现安装进度对话框，如图 2—39 所示，安装正常完成之后，单击“Next>”按钮继续安装。

（5）出现 MySQL 的介绍对话框，如图 2—40 所示，单击“Next>”按钮继续安装。

（6）出现安装向导完成对话框，如图 2—41 所示，选择“Configure the MySQL Server now”，单击“Finish”按钮完成安装。

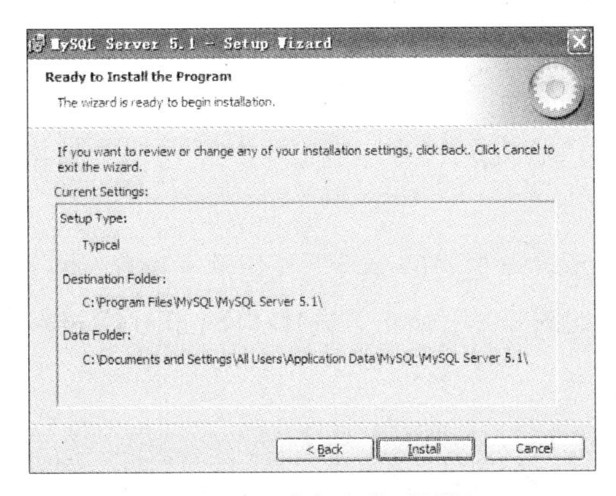

图 2—38 准备安装对话框

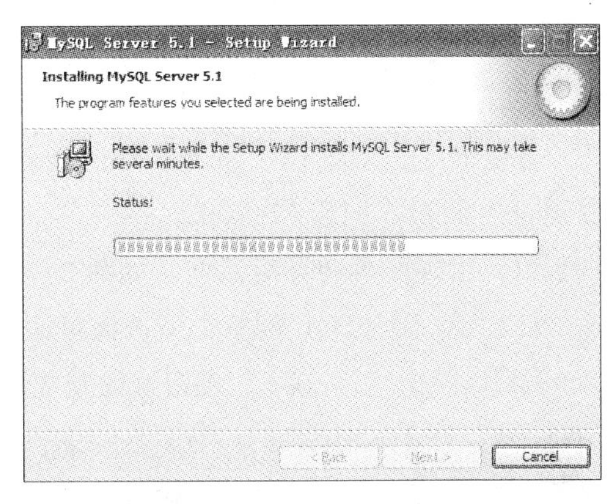

图 2—39 安装进度对话框

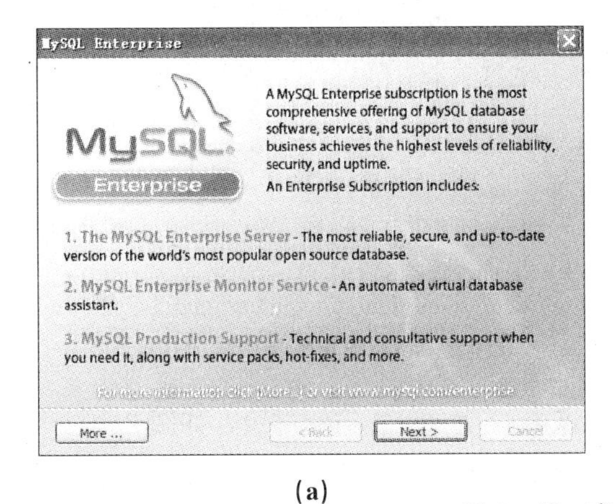

(a)

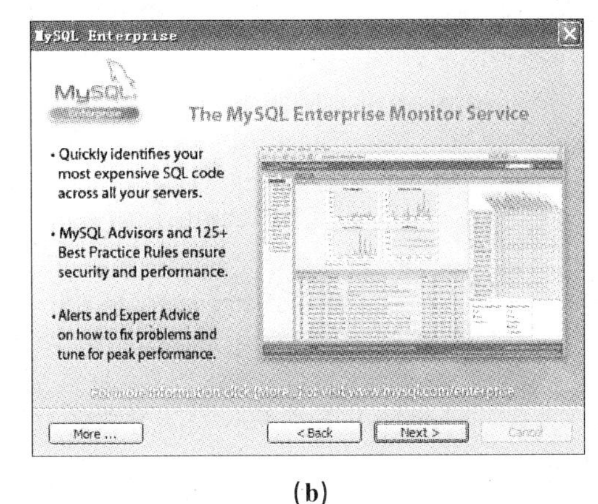

(b)

图 2—40 产品介绍对话框

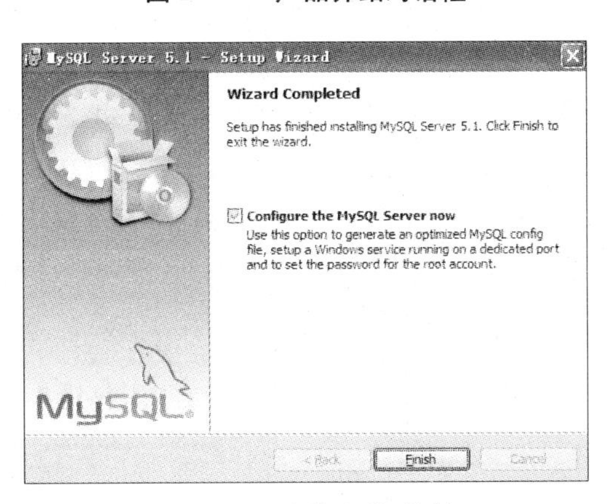

图 2—41 安装完成对话框

【教你一招】目前在数据库市场上占据主要份额的是 Oracle 公司推出的 Oracle 数据库，MySQL 数据库在 2008 年被 Sun 公司收购，而 Sun 公司在 2009 年被 Oracle 公司收购。

三、MySQL 配置

在安装完成对话框上选择“Configure the MySQL Server now”复选按钮，点击“Finish”按钮，配置 MySQL。

（1）出现配置向导对话框，如图 2—42 所示，点击“Next>”按钮继续配置。

（2）出现 MySQL 配置类型选择对话框，如图 2—43 所示，选择“Detailed Configuration”，点击“Next>”按钮继续配置。

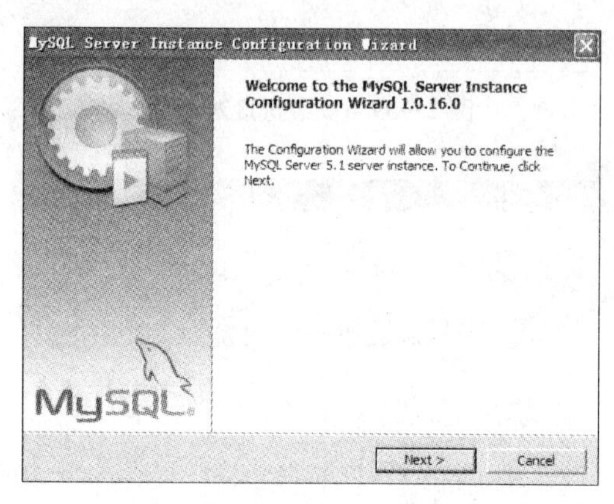

图 2—42　欢迎对话框

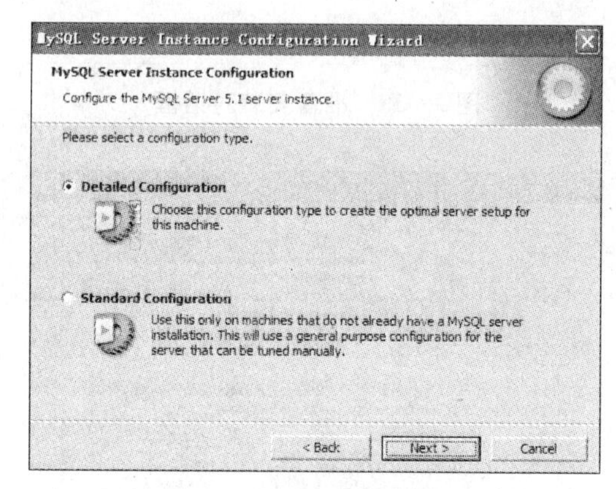

图 2—43　配置类型选择对话框

（3）一般情况下跟随着安装屏幕的显示，点击“Next>”按钮继续，如图 2—44～图 2—47 所示。

（4）出现网络配置选项，如图 2—48 所示，默认端口号为 3306，一般情况下不修改这个参数。

（5）出现字符集选择对话框，选择“Best Support For Multilingualism”选项，使得 MySQL 支持多国语言，如图 2—49 所示。

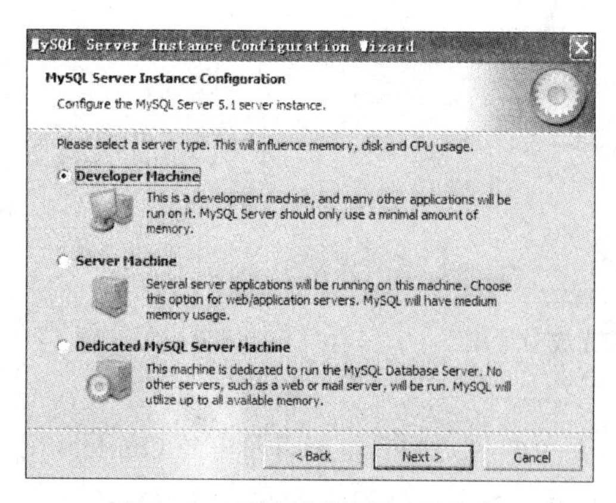

图 2—44　服务器类型选择对话框

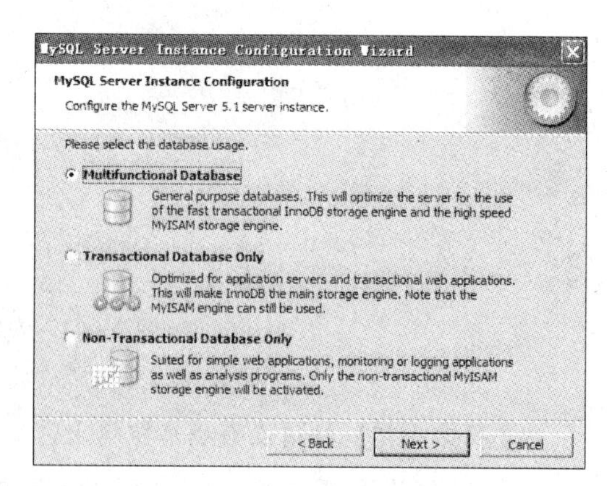

图 2—45　数据库使用选择对话框

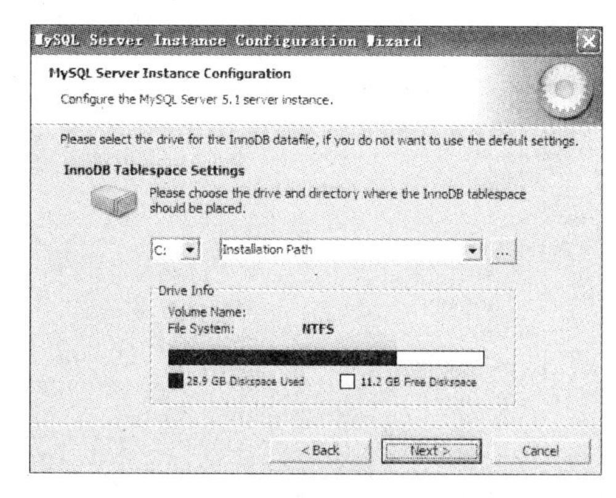

图 2—46 表空间设置对话框

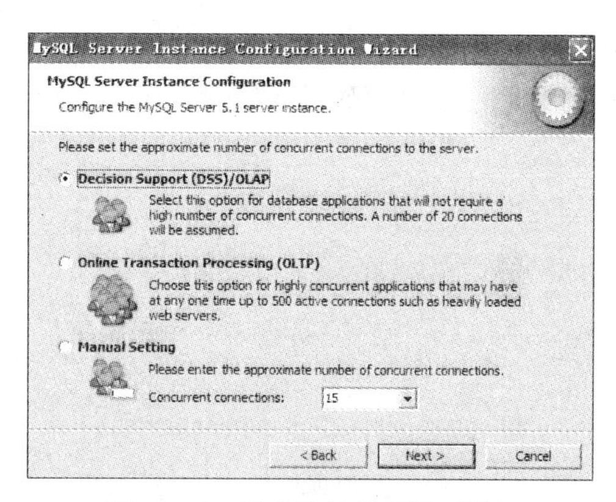

图 2—47 同步连接数设置对话框

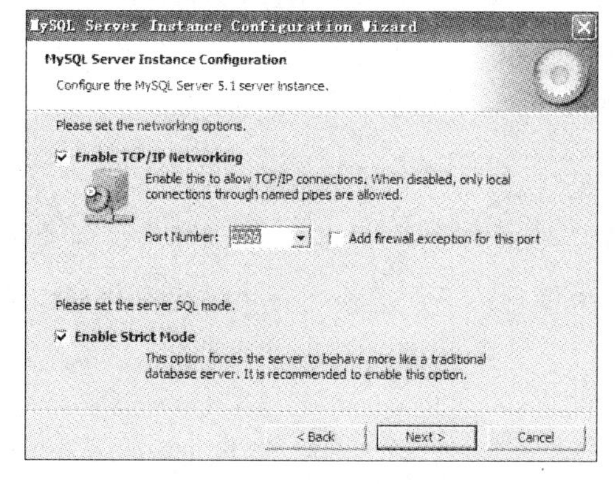

图 2—48 网络设置对话框

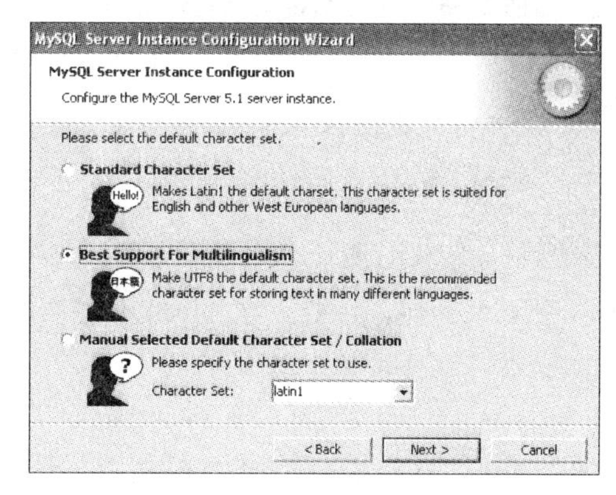

图 2—49 字符集选择对话框

（6）出现服务启动选项对话框，同时选择“Install As Windows Service”和“Include Bin Directory in Windows PATH”，如图 2—50 所示，这样可以通过 Windows 服务或者命令行启动和关闭 MySQL 数据库管理系统。

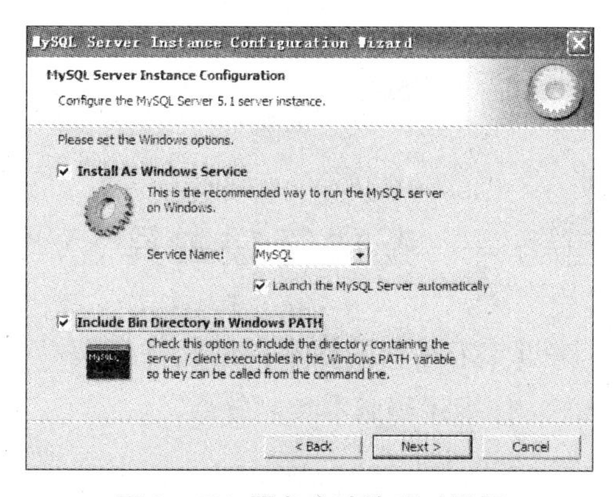

图 2—50 服务启动选项对话框

（7）出现数据库 root 用户密码配置对话框，输入密码，选中“Enable root access from remote machines”复选按钮，如图 2—51 所示。

（8）出现准备运行配置对话框，如图 2—52 所示，点击“Execute”按钮执行配置过程。

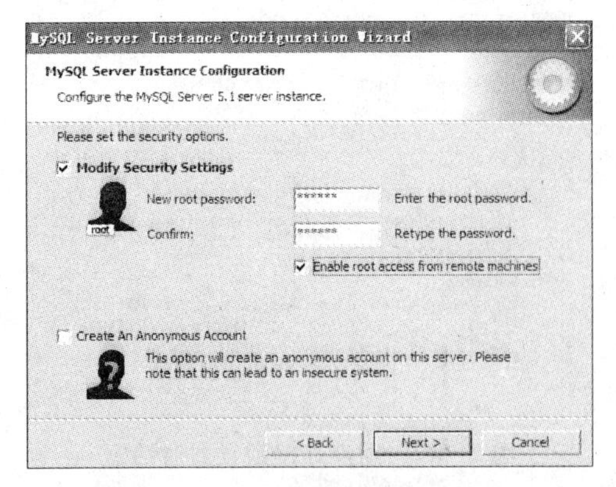

图 2—51　管理员密码设置对话框

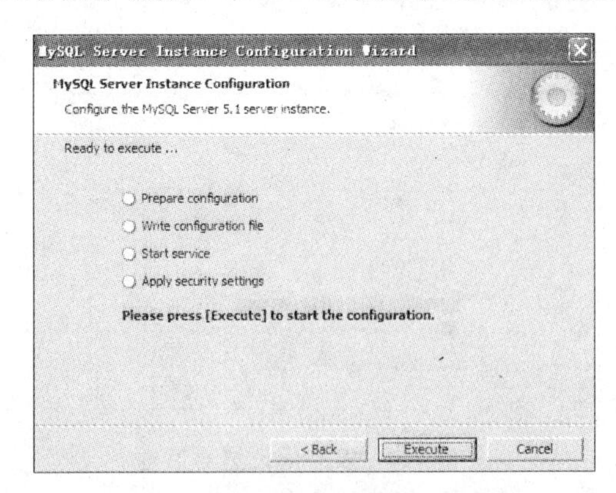

图 2—52　准备运行配置对话框

知识拓展

所有 MySQL 数据库的配置参数都存储在一个名为 my.ini 的配置文件中，该文件是一个文本文件，一般会在 MySQL 安装目录的根目录下。在该文件中，用户可以修改如端口号、字符集等参数。

思考练习

一、简答题

MySQL 是一个小型关系型数据库管理系统，简要说明其与大型数据库管理系统（如 Oracle、DB2、SQL Server 等）相比，有哪些优缺点。

二、实训题

下载、安装并配置 mysql-5.1.49。

任务 4　配置管理工具 SVN

SVN（Subversion）是近年来兴起的版本控制软件，是 CVS 的接班人。目前，绝大多数开源软件都使用 SVN 作为代码版本控制软件。

应用场景

随着应用软件的开发规模日趋大型化及复杂程度日益增长，软件开发模式从早期的个人作坊式渐渐转变为团队协作开发模式。在团队协作开发模式下，为了管理好开发项目，就必须使用版本控制软件。使用版本控制软件，能够完整地保存开发过程中对每一个源文件的所有修改记录，能够对软件开发过程进行卓有成效的管理。

任务分析

本任务以 svn1.6.6 为例，介绍 SVN 的使用。

解决方案

1. SVN 简介
2. SVN 的使用

一、SVN 简介

SVN（Subversion）作为 CVS 的重写版和改进版，其目标就是作为一个更好的版本控制软件取代 CVS。CVS 在发展的过程中逐渐失去优势，已经不再适合现代开发，目前，绝大多数 CVS 服务已经改用 SVN。

SVN 与 CVS 相比，有很多优点：

（1）原子提交。一次提交不管是单个还是多个文件，都是作为一个整体提交的。提交过程中发生的意外也不会引起数据库的不完整或数据损坏。

（2）重命名、复制、删除文件等动作都保存在版本历史记录当中。

（3）对于二进制文件，使用了节省空间的保存方法。简单地理解，就是只保存和上一版本的不同之处。

（4）目录也有版本历史。整个目录树可以被移动或者复制，操作很简单，而且能够保留全部版本记录。

（5）分支的开销非常小。

二、SVN 的使用

1. import 命令（导入）

（1）安装成功后，新建一个文件夹，如 svn test。在此文件夹上点击鼠标右键，出现“TortoiseSVN”的命令菜单，如图 2—53 所示，然后选择“Import...”命令，将该目录导入服务器中，纳入 SVN 的管理之下。

（2）出现导入对话框，输入 SVN 服务器的 IP 地址及说明，点击“OK”按钮，如

图 2—54 所示。

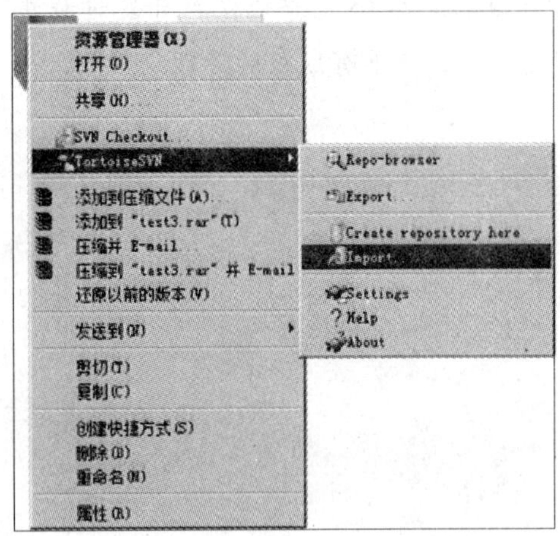

图 2—53 Import 命令菜单

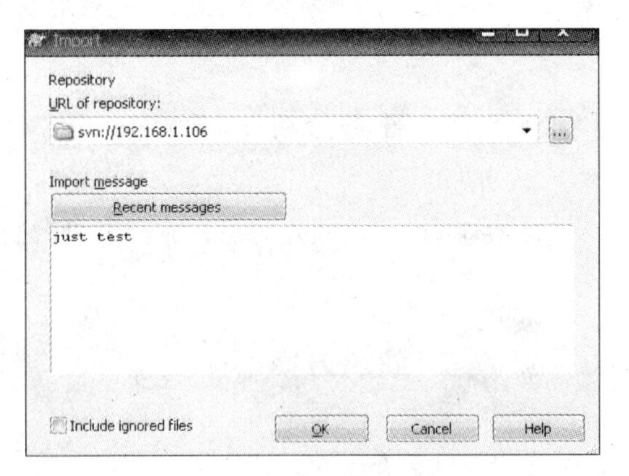

图 2—54 导入对话框

（3）出现验证对话框，输入用户名和密码，如图 2—55 所示。匿名用户权限设置已经成了 none（不能访问），点击“OK”按钮。

（4）TortoiseSVN 开始导入本地文件夹，完成之后出现导入完成对话框，如图 2—56 所示。

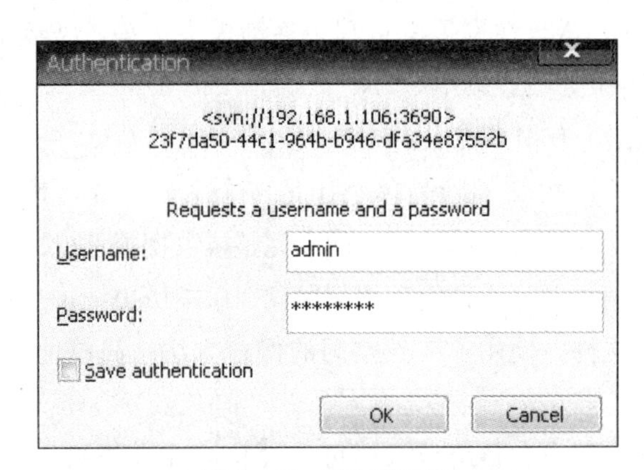

图 2—55 验证对话框

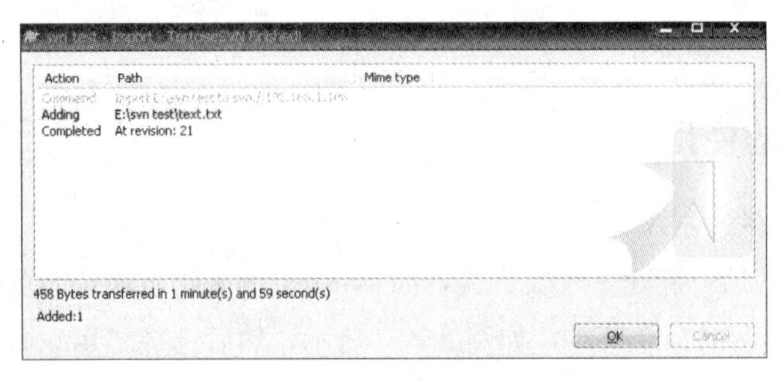

图 2—56 导入完成对话框

2. checkout 命令

（1）新建一个文件夹 test，点击鼠标右键，选择“SVN Checkout…”，如图 2—57 所示。

（2）出现 SVN 服务器资源管理器，选择要 checkout 的目录，如“svn 资料”，如图 2—58 所示，点击“OK”按钮。

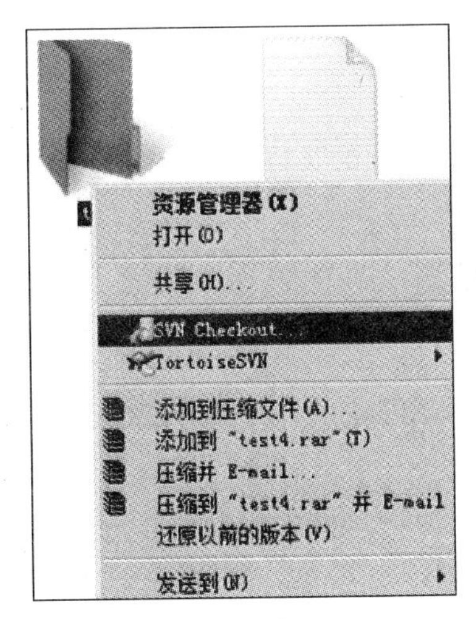

图 2—57　命令菜单

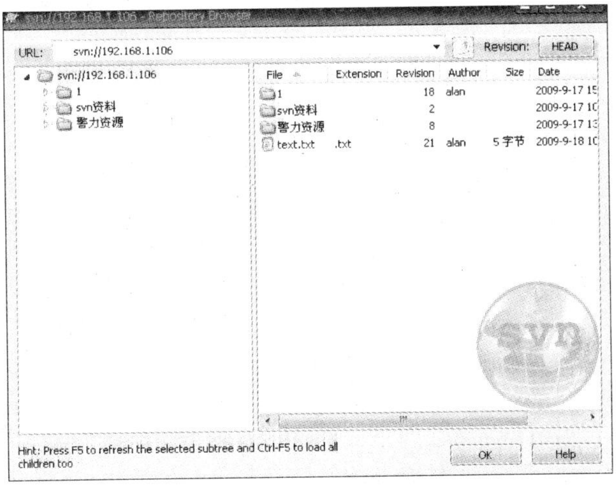

图 2—58　资源管理器

（3）出现 Checkout 对话框，如图 2—59 所示，点击“OK”按钮。

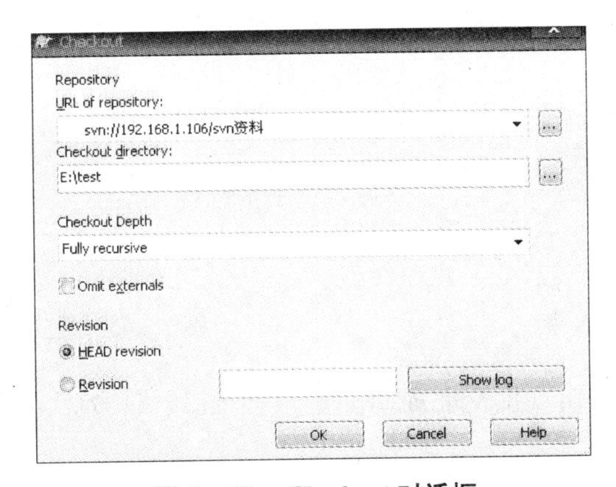

图 2—59　Checkout 对话框

（4）从服务器上导出的文件含有一个绿色的图标，表示文件版本和 SVN 服务器上的版本一致，如图 2—60 所示。

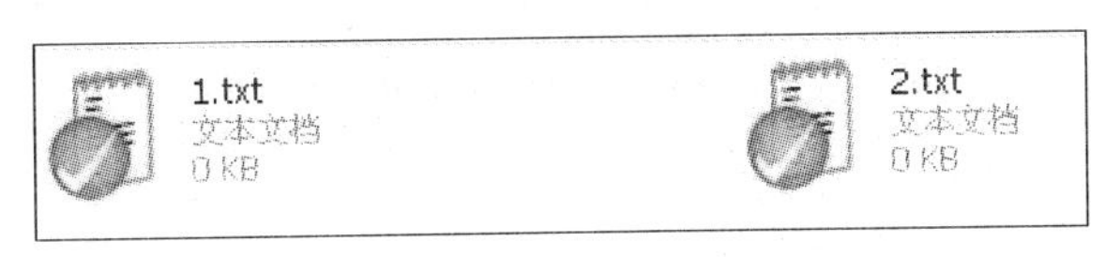

图 2—60　文件图标（1）

（5）如果对本地的文件进行了修改，如修改了 1. txt 文件，保存后图标变成红色，表示与服务器版本不一致，如图 2—61 所示。

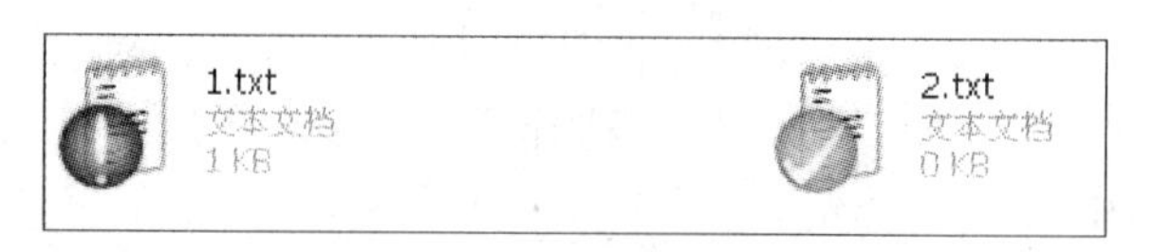

图 2—61　文件图标（2）

3. commit 命令

（1）对于本地修改的文件，若确认修改，使 SVN 服务器上的文件和所修改的文件一致，则需要执行 commit 命令，如图 2—62 所示。

（2）出现提交对话框，在消息框中输入本次提交的信息，点击"OK"按钮，如图 2—63 所示。

图 2—62　SVN 菜单

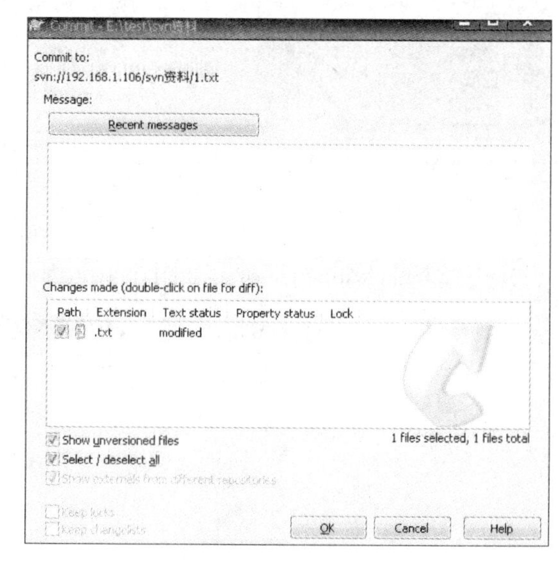

图 2—63　提交对话框

（3）提交完成后，出现提交完成对话框，如图 2—64 所示，点击"OK"按钮确认提交完成。

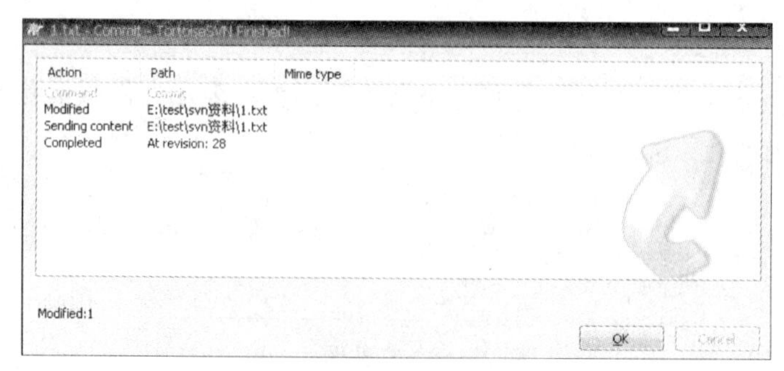

图 2—64　提交完成对话框

commit 成功后，图标又变成绿色，说明 SVN 服务器里文件的版本已经更新为和所修改的一致了。

4. update 命令

update 命令用于更新本地文件，在当前目录中点击鼠标右键，选中“SVN Update”命令，将服务器上的文件更新到本地。此时有个地方需要注意，如果修改文件后没有 commit，但是想恢复以前的版本，则不能用 update 命令，只能删掉这个文件，重新 checkout 想要的版本。

5. add 命令

（1）在 checkout 的文件夹里新建一个文件，如 3. txt，文件图标上会出现蓝色的问号图标，如图 2—65 所示。

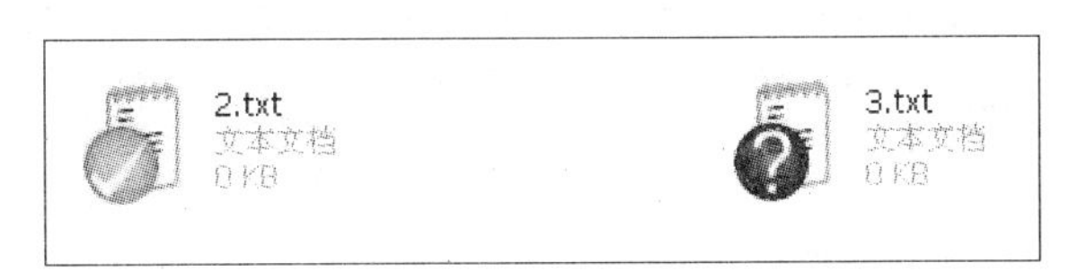

图 2—65 文件图标（3）

（2）选中 3. txt，点击右键选中“TortoiseSVN”→“Add...”，执行 add 命令，如图 2—66 所示。

图 2—66 SVN 菜单

（3）此时 3. txt 的图标变成蓝色加号，说明此文件是新增的文件，但还没在服务器里面更新。若要是 SVN 服务器更新此文件，则对此文件执行 commit 命令，然后文件图标变成绿色，如图 2—67 所示。

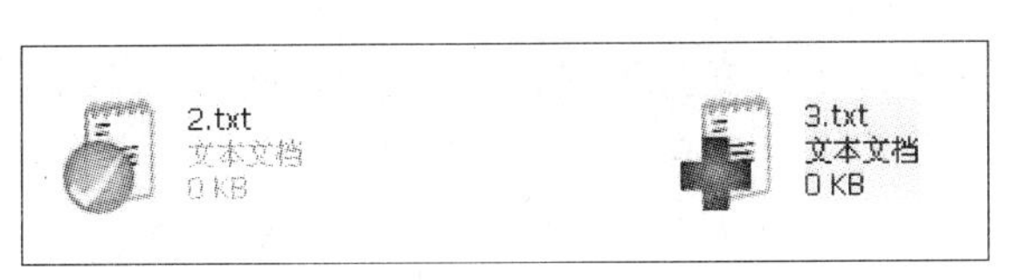

图 2—67 文件图标（4）

【教你一招】除了 SVN 外，企业中常用的还有微软开发的 Visual Source Safe 和 CVS 等。

知识拓展

SVN 中常用的名词包括：

1. Checkout（从服务器端取出代码）

把服务器资料库里存放的某个项目代码取出来，放到本地主机中，这个动作叫做“Checkout”。使用此代码的具体步骤是：进入要安装项目文件的目录中，点击鼠标右键，选择“SVN Checkout...”项，然后在填写项目的原始路径和安装路径后点击“OK”即可。

2. Update（更新项目代码）

以前 Checkout 过的一个项目代码，当服务器上有了更新的代码，或者本地代码损坏或丢失时，Update 可以自动判断本地哪些文件较旧，或者缺少，都会自动更新。当然，也可以删除本地代码，重新 Checkout。使用此代码的具体步骤是：在要更新的项目上点击鼠标右键，选择“SVN Update”项即可。

3. Commit（将本地代码上传到服务器）

当修改（增加、删除、修改等所有写操作）过本地代码后，这个动作会把新代码提交到 SVN。如果本地代码作了修改，不执行 Commit 操作，SVN 服务器上是不会有这个新版本的，也就是说其他人得不到最新的版本。对代码作过修改后，应尽快执行 Commit 命令。使用此代码的具体步骤是：在修改完待上传的项目上点击鼠标右键，选择“SVN Commit...”项即可。

4. Export（将项目导出到本地）

如果想要得到一个完整的项目，且不需要再进行版本的改动，则可以直接把该项目导出版本控制系统，成为一个普通文件进行使用。使用此代码的具体步骤是：单击鼠标右键，选择“TortoiseSVN”→“Export”项，然后填入要导出的项目即可。

5. Show Log（显示文件的所有版本）

如果项目组成员想查看本地下载的某个项目以前的所有版本，就在该项目上单击鼠标右键，选择“TortoiseSVN”菜单下的“Show Log”选项。该项目的所有版本及其每个版本的修改信息都将显示在出现的新对话框下，供项目组成员参考。

6. Update To Revision（恢复到某个版本）

当项目组成员想要把某个项目恢复到以前的某个版本时，在该项目上单击鼠标右键，选择“TortoiseSVN”菜单下的“Update To Revision”，在出现的“Update”对话框中可以先点击“Show Log”来查看及确定要恢复的版本号，或者直接将要恢复到的版本号填入“Revision”旁的编辑区内，最后点击“OK”，则该项目就恢复到想要的版本了。

7. Add（添加文件）

当项目组成员想在项目中添加一个新文件时，可把该文件拷贝到项目文件夹下，然后执行 Add 命令，出现加号标识，最后对此文件进行 Commit 操作。

思考练习

一、简答题

1. 什么是 SVN？与 CVS 相比，它有哪些优点？

2. 上网查找目前常用的版本控制软件，比较它们之间的优缺点。

二、实训题

访问 http：//www.visualsvn.com/server/，下载 VisualSVN Server，尝试在 Windows 下搭建 SVN Server。

综合实训

在本项目中我们学习了 Java EE 环境的配置，参考本项目，完成下列软件的下载、安装和配置。

1. JDK5.0 的下载、安装和配置。

2. mysql-5.1.49 的下载、安装和配置。

3. apache-tomcat-6.0.29 的下载、安装和配置。

4. eclipse-jee-helios 的下载和配置。

5. 使用 eclipse 开发第一个 WEB 程序，显示“HELLOWORLD”。

项目三

简单的登录程序

经过项目一的知识积累和项目二的环境配置后，接包方 SISO 公司正式进行了软件外包项目的开发。与很多基于 WEB 的管理系统一样，该系统的第一个用户界面也是登录界面。本项目就将以 Servlet 技术来实现一个简单的登录程序。

任务1 获得表单数据并显示

从项目一和项目二中我们知道了开发 Java WEB 应用程序的相关知识。接下来我们通过开发一个简单的登录程序来进一步学习如何用 Servlet 技术开发 WEB 应用程序。

应用场景

当我们通过 WEB 方式访问电子邮箱，或者到论坛发帖，第一件要做的事就是登录。我们可以看到登录页面的组成往往比较简单：一个用户名输入框、一个密码输入框和一个提交按钮。但是程序是如何获取用户输入的数据并进行处理，然后把处理结果反馈给用户呢？在本任务中，我们设计了一个 HTML 表单，该表单中有一个用户名输入框、一个密码输入框和一个提交按钮，当我们输入相关数据并单击提交按钮时，程序会把输入的用户名及密码显示出来。

任务分析

我们知道，客户端浏览器和 WEB 服务器之间的数据是用 HTTP 协议传输的，那么我们要实现本任务的需求，不外乎这么一个流程：设计一个 HTTP 表单和一个 Servlet程序，该程序接收 HTTP 请求数据，然后处理，最后把处理结果响应给客户端浏览器。

解决方案

1. HTML 表单
2. Servlet 接收 HTTP 请求
3. Servlet 响应 HTTP 请求

一、HTML 表单

前面学习了 HTML 表单的一些基础知识，如表单的一些文本输入域、密码输入域等，接下来介绍表单的提交按钮。提交按钮的输入类型是 submit，代码为：<input type= “submit” value= “提交” >。当用户单击提交按钮时，表单数据会被表单的

action 属性所指向的网页或者程序处理。

表单的 action 属性定义了目的程序的文件名，如<form action= “do. jsp” method = “get” >，表示该表单数据由 do. jsp 来处理。至于 method 属性，表示了发送表单信息的方式，它有两个值，即 get 和 post。get 是将表单信息以键/值对的方式通过 URL 发送，此时可以在浏览器地址栏里看到相关属性和属性的值；而 post 则将表单的内容通过 HTTP 发送，此时在地址栏中看不到表单的提交信息。有 HTML 表单定义如下：

```
<form action = "1. html" method = "get">
请输入你的姓名:<input type = "text" name = "username">
<input type = "submit" value = "提交">
</form>
```

当在 HTML 中输入“aaa”时，浏览器的输入框中出现如图 3—1 所示的信息。

http://localhost:8080/1.html?username=aaa

图 3—1　表单的 method 属性为 get 时

因为表单的 method 属性被设置为 get，所以在浏览器的地址栏中可以看到“username=aaa”字样。如果把 method 属性改成 post，地址栏中就无法看到表单的提交信息，如图 3—2 所示。

http://localhost:8080/1.html

图 3—2　表单的 method 属性为 post 时

那什么时候用 get 方式、什么时候用 post 方式提交呢？如果只是为了取得和显示数据，那么可以用 get 方式；如果涉及数据的保存和更新，那么建议用 post 方式。

二、Servlet 接收 HTTP 请求

Servlet 接口有多个实现类，其中 HttpServlet 是最重要的一个。它专门用于处理 HTTP 网络请求的 Servlet 实现类，目前大部分 WEB 服务器与 WEB 应用都是基于 HTTP 协议实现的，在实际应用中，绝大部分都是继承 HttpServlet 类完成的。比如在一个 WEB 登录程序中，Servlet 如何接收 HTTP 请求，以及如何对 HTTP 请求作出响应呢？下面将展开分析。

1. Servlet 处理 HTTP 请求的过程

对于请求而言，客户端主要通过以下几种方式向服务器端发送请求：

（1）在浏览器地址栏里输入服务器端的 URL 地址。

（2）点击 html 页面的一个超链接。

（3）点击某个表单的提交按钮。

对于上述三种方式提交的请求，浏览器默认是以 get 方式发送的，对于最后一种表单的提交我们可以修改表单的 method 属性，将其提交方式改为 post。

当用户发送请求到 WEB 服务器后，服务器首先会判断该请求是否为 Servlet 请求（也有可能是其他请求，比如是 HTML 请求），当确定是一个 Servlet 请求后，将会把请求交给 Servlet 容器处理。作为 WEB 服务器的一部分，Servlet 容器是运行在其中的一个组件。Servlet 容器将会把不同的要求交给不同的 Servlet 处理，如图 3—3 所示。

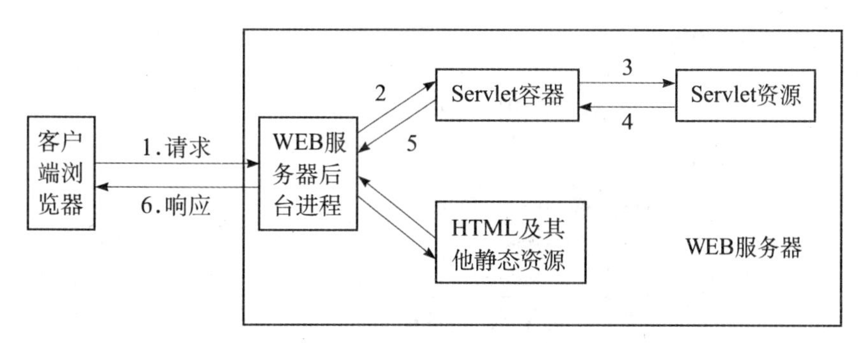

图 3—3　Servlet 处理 HTTP 请求过程

在具体的 Servlet 类中将会根据不同的 HTTP 提交方式，执行相应的 doXXX 方法，该方法签名为：

public void doXXX（HttpServletRequest request，HttpServletResponse response）throws ServletException，IOException

如果是以 get 方式提交的，则会执行 doGet 方法；如果是以 post 方式提交的，则会执行 doPost 方法。方法中的参数 request 和 response 对象是由 Servlet 容器创建的，分别代表请求对象和响应对象。Servlet 对象执行完毕后把响应对象传递给 WEB 服务器，再由 WEB 服务器返回给客户端。

2. HttpServletRequest 接口的使用

从客户端发送的请求信息会被封装在 HttpServletRequest 接口的实例对象中，通常可以通过以下方法获取封装数据：

（1）public String getParameter（String name）：

该方法可以获得表单中单个参数的值，如果该参数不存在则返回 null。

（2）public String [] getParameterValues（String name）：

该方法可以获得表单中一个参数的多个对应值，如果该参数不存在则返回 null。

（3）public Enumeration getParameterNames（）：

该方法可以返回所有参数的名字。

（4）public String getMethod（）：

该方法可以获得 HTTP 请求类型的名字，如 get 或 post。

（5）public String getHeader（String name）：

该方法可以返回请求头信息中某参数对应的值。

（6）public Enumeration getHeaderNames（）：

该方法可以获得所有头信息中所有参数的名字，获得参数的名字后，可以用 getHeader 方法获得参数对应的值。

3. Servlet 接收 HTTP 请求的实例

下面综合运用上述知识，接收并处理一个由 HTML 页面发送的请求，获取用户输入文字并打印。HTML 页面显示如图 3—4 所示。

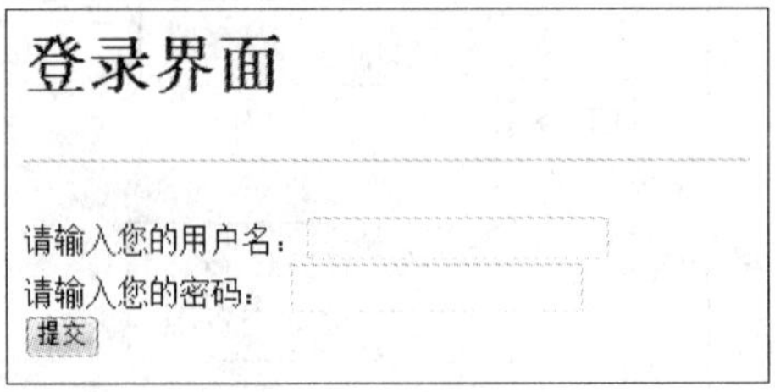

图 3—4　HTML 登录页面

对应的 HTML 表单代码如下：

```
<html>
    <title>登录界面</title>
    <body>
        <h1>登录界面</h1>
        <hr/>
        <form action = "/LoginApp/PrintFormInput"method = "post">
            请输入您的用户名:<input type = "text"name = "username"/> <br/>
            请输入您的密码: <input type = "password"name = "password"/> <br/>
            <input type = "submit"value = "提交"/>
        </form>
    </body>
</html>
```

表单对应的 action 属性值为"*/LoginApp/PrintFormInput*"，表示该表单需要交给 LoginApp 项目应用下匹配/PrintFormInput 路径的 Servlet 处理。同时表单的 method 属性值为 post 表示提交方式为 post。

界面完成后，接下来要开发处理页面逻辑的 Servlet 类，因为表单是通过 post 方式提交的，所以该 Serlvet 类需要在 doPost 方法中接收表单提交的信息。一般来说，不管页面提交方式是采用 get 方式还是采用 post 方式，Servlet 基本上都是一样的逻辑处理方式，所以我们只需要在 doGet 方法中编写一个具体的处理逻辑，而让 doPost 方法直接调用 doGet 方法，这样就可以简单起到代码重用的目的。在 doGet 方法中，我们首先获得用户在 HTML 表单中输入的用户名信息，其次获得用户在 HTML 表单中输入的密码信息，最后将这两个值输出到控制台中。该 Servlet 代码如下：

```
package cn.edu.siso.book.proj3.task1.exam1;

import java.io.IOException;
import javax.servlet.ServletException;
import javax.servlet.http.HttpServlet;
import javax.servlet.http.HttpServletRequest;
import javax.servlet.http.HttpServletResponse;

public class PrintFormInput extends HttpServlet {

    public void doGet(HttpServletRequest request, HttpServletResponse response) throws Servle-
tException, IOException {
        //从表单中获取参数名为 username 的表单组件(即用户名输入框)的值
        String username = request.getParameter("username");
        //从表单中获取参数名为 password 的表单组件(即密码输入框)的值
        String password = request.getParameter("password");
        //打印用户名
        System.out.println("用户输入的用户名是" + username);
        //打印密码
        System.out.println("用户输入的密码是" + password);
    }

    public void doPost(HttpServletRequest request, HttpServletResponse response) throws Servle-
tException, IOException {

      doGet(request,response);
    }
}
```

Eclipse 会自动将 java 源代码编译并存放到 Tomcat 服务器中的相应位置。接下来我们要修改部署描述文件 WEB.xml，该部署描述文件代码如下：

```
<?xml version = "1.0"encoding = "UTF-8"?>
<web-app version = "2.5"
    xmlns = "http://java.sun.com/xml/ns/javaee"
    xmlns:xsi = "http://www.w3.org/2001/XMLSchema-instance"
    xsi:schemaLocation = "http://java.sun.com/xml/ns/javaee
    http://java.sun.com/xml/ns/javaee/web-app_2_5.xsd">
  <servlet>
    <servlet-name>PrintFormInput</servlet-name>
<servlet-class>cn.edu.siso.book.proj3.task1.exam1.PrintFormInput</servlet-class>
  </servlet>
```

```
  <servlet-mapping>
    <servlet-name>PrintFormInput</servlet-name>
    <url-pattern>/PrintFormInput</url-pattern>
  </servlet-mapping>
  <welcome-file-list>
    <welcome-file>index.html</welcome-file>
</welcome-file-list>
        </web-app>
```

把该 WEB 应用程序（LoginApp）部署到 Tomcat 服务器中，启动服务器，并在浏览器地址栏中输入请求地址：http：//localhost：8080/LoginApp/，输入用户名和密码均为 test 后提交表单，可以看到 Tomcat 的控制台输出为：

用户输入的用户名是 test

用户输入的密码是 test

三、Servlet 响应 HTTP 请求

Servlet 接收了用户的请求并处理后，接下来的动作就是要对客户端作出回应，也就是响应客户端的 HTTP 请求。根据 Servlet 规范，对用户的响应信息封装在 HttpServletResponse接口的实例对象中，再由 WEB 服务器发送给客户端。

1. HttpServletResponse 接口简介

当 Servlet 接收到 HTTP 请求后，如果需要返回一定的数据信息给客户端，那么封装返回的数据需要使用 HttpServletResponse 接口的实例对象，与 HttpServletRequest 接口一样，它是定义在 javax. servlet. http 包中的一个接口。使用该接口的实例对象可以获得用于发送给客户端数据的输出流，设定返回内容的字符编码、类型和长度等。主要方法如下：

（1）public void setContentType（String contentType）：

设置返回类型，如果返回的是网页类型并支持中文字符，那么可以使用response. setContentType（“text/html；charset=GB2312”）。

（2）无论返回给客户端的信息是简单文本还是复杂文件，都需要获取输出流对象，Servlet 可以使用两种方法获取一个输出流：

public ServletOutputStream getOutputStream（）throws IOException

public PrintWriter getWriter（）throws IOException

第一种输出流主要是用来向客户端发送一些二进制数据，比如要把一个 pdf 文件返回给客户端。第二种输出流则主要用来向客户端返回一些字符文本信息。

前面曾经说过，所有 Servlet 程序都是运行在 Tomcat 服务器中。用户所在的机器通过浏览器访问 Tomcat 服务器中的页面，而前述的例子中，我们只是把用户名和密码信息打印到 Tomcat 服务器所在的控制台中，这些数据对于用户来说是不可见的。

在本例中，我们要把上面的例子改写，我们需要把用户输入的用户名和密码显示到客户端 HTML 中，这样用户就可以通过浏览器获得这些信息。

2. httpServletResponse 接口的使用

首先改写 HTML 表单，把 action 属性中的 Servlet 处理类从原来的/PrintFormInput 更改为/PrintFormHtml，其余不变，代码如下：

```
<html>
    <title>登录界面</title>
    <body>
        <h1>登录界面</h1>
        <hr/>
        <form action = "/LoginApp/PrintFormHtml"method = "post">
            请输入您的用户名:<input type = "text"name = "username"/> <br/>
            请输入您的密码: <input type = "password"name = "password"/> <br/>
            <input type = "submit"value = "提交"/>
        </form>
      </body>
</html>
```

此时将由/PrintFormHtml 对应的 Servlet 类来处理该表单提交的信息。

PrintFormInputInHtml 中不是简单地应用 System.out 打印出用户名和密码信息，而是通过 response 对象获得一个字符输出流，并将相关信息返回到客户端浏览器中。代码如下：

```
package cn.edu.siso.book.proj3.task1.exam2;

import java.io.IOException;
import java.io.PrintWriter;
import javax.servlet.ServletException;
import javax.servlet.http.HttpServlet;
import javax.servlet.http.HttpServletRequest;
import javax.servlet.http.HttpServletResponse;

public class PrintFormInputInHtml extends HttpServlet {

    public void doGet(HttpServletRequest request, HttpServletResponse response) throws Servle-
tException, IOException {
        //从表单中获取参数名为 username 的表单组件(即用户名输入框)的值
        String username = request.getParameter("username");
        //从表单中获取参数名为 password 的表单组件(即密码输入框)的值
        String password = request.getParameter("password");
        //把返回类型设置为网页,该网页的字符编码为 GB2312 以支持中文
```

```
        response.setContentType("text/html;charset = GB2312");
        //获得输出流对象向浏览器中输出字符
        PrintWriter out = response.getWriter();
        //构造 html 页面
        out.println("<html><body><h1>我的第一个输出页面</h1>");
        //在浏览器中显示用户名
        out.println("用户输入的用户名是" + username);
        out.println("<br/>");
        //在浏览器中显示密码
        out.println("用户输入的密码是" + password);
        out.println("<br/>");
        out.println("</body></html>");
        //关闭输出流
        out.close();
    }

    public void doPost(HttpServletRequest request, HttpServletResponse response) throws Servle-
tException, IOException {

        doGet(request,response);
    }
}
```

因为客户端 HTML 页面上出现了中文字符，所以在获得字符输出流之前，需要将字符编码设置成 GB2312 以支持中文显示。

最后修改部署描述文件 WEB.xml 代码如下：

```
<?xml version = "1.0"encoding = "UTF - 8"?>
<web - app version = "2.5"
    xmlns = "http://java.sun.com/xml/ns/javaee"
    xmlns:xsi = "http://www.w3.org/2001/XMLSchema - instance"
    xsi:schemaLocation = "http://java.sun.com/xml/ns/javaee
    http://java.sun.com/xml/ns/javaee/web - app_2_5.xsd">
  <servlet>
    <servlet - name>PrintFormHtml</servlet - name>
<servlet - class>cn.edu.siso.book.proj3.task1.exam2.PrintFormInputInHtml</servlet - class>
  </servlet>
  <servlet - mapping>
    <servlet - name>PrintFormHtml</servlet - name>
    <url - pattern>/PrintFormHtml</url - pattern>
</servlet - mapping>

  <welcome - file - list>
```

```
    <welcome-file>index.html</welcome-file>
  </welcome-file-list>
</web-app>
```

部署后执行，可以在浏览器中看到如图 3—5 所示的信息。

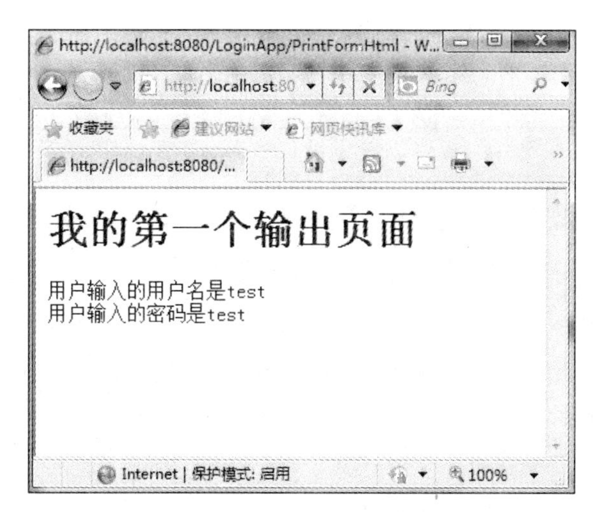

图 3—5　HTML 页面输出用户名和密码

查看上面 HTML 页面的源代码，会发现 HTML 源代码和 response 对象输出的内容一样，HTML 代码如下所示：

```
<html><body><h1>我的第一个输出页面</h1>
用户输入的用户名是 test
<br/>
用户输入的密码是 test
<br/>
</body></html>
```

（1）public void setHeader（String name，String value）：

该方法可以设置响应的 HTTP 消息头。

（2）public void sendError（int sc）throws IOException：

该方法用指定的状态码向客户端发送一个错误响应。

例如，如果想返回一个 403 错误即资源禁止访问错误，只需在 doGet 或 doPost 方法中用 response 对象的 sendError 方法即可，代码如下：

```
public void doGet(HttpServletRequest request, HttpServletResponse response) throws ServletException, IOException {
        response.sendError(HttpServletResponse.SC_FORBIDDEN);
    }
```

当客户端发送请求到指定的 Servlet 时，浏览器显示如图 3—6 所示。

HTTP Status 403 -

type Status report

message

description Access to the specified resource () has been forbidden.

Apache Tomcat/6.0.13

图 3—6　HTML 页面输出 403 错误

(3) public void sendRedirect (String location) throws IOException:

该方法可以让客户端浏览器跳转到 location 指定的网页资源地址。

(4) public void addCookie (Cookie cookie):

该方法可以在客户端设置一个 cookie。

(5) public String encodeURL (String url)。

(6) public String encodeRedirectURL (String url)。

当客户端浏览器不支持 cookie 时，如果需要使用 session 来存储数据，就要使用上述两个方法对 URL 进行编码。

【教你一招】简单的 HTML 页面可以直接用记事本完成，但在实际的项目开发中，一般用专业的 HTML 网页编辑工具如 Dreamweaver 等实现。

知识拓展

表单的方法中有两个属性，即 method=get 或者 post。

get 将表单中的数据按照"参数=值"的形式，添加到 action 属性所指的 URL 后面，并且两者使用"?"连接，而各个变量之间使用"&"连接。get 传送的数据量较小，不能大于 2KB。

post 将表单中的数据放在 form 的数据体中，按照变量和值相对应的方式，传递到 action 属性所指的 URL。post 传送的数据量较大，所以在上传文件时只能使用 post。

get 安全性低，因为用户可以通过 URL 看到变量和值。post 安全性较高，其所有操作对用户来说都是不可见的。

思考练习

一、简答题

Servlet 中使用了哪些 API 来获取用户输入的数据？又用了哪些 API 来向用户浏览器输出结果？

二、实训题

编写一个 HTML 表单，表单中有一个用户名输入框和一个密码输入框，分别用 get 和 post 方式提交到 Servlet，将用户名和密码打印到浏览器，并得出结论。

任务 2　用户输入的数据与后台数据库的交互

上面的任务 1 中我们知道了 Servlet 程序如何获取用户请求并响应，但在上面的例子中，用户输入的用户名和密码并没有经过校验。在实际的应用中，用户名和密码都是保存在数据库中的，因此在本任务中我们将与后台数据库交互进行数据的增删改查等工作。

应用场景

假设数据库中存在一个 user_info 表，为了简单起见，我们假设该表中有两个字段，一个是用户名，另一个是用户密码；为了示例方便，用户名和密码都是用明文保存在数据库中的。读者如果有安全性的需要，可以把用户名和密码进行相关的加密。

本任务的目标是把用户输入的用户名、密码和保存在后台数据库中的用户名、密码进行比较：如果两者匹配，那么将输出一个成功页面，上面显示“您已经成功登录”；如果两者不匹配也将输出一个页面，上面显示“您输入的用户名或者密码不正确，请重新登录”。

任务分析

通过上个任务的学习，读者都知道了 Servlet 类获取请求信息后进行操作，并响应结果。那么应该在何时、怎样和数据库交互呢？我们提供了以下解决方案来解决 Servlet 和数据库交互问题。

解决方案

1. Servlet 生命周期
2. JDBC 概述
3. 数据库的 CRUD 操作
4. Servlet 生命周期与数据库操作实例

一、Servlet 生命周期

Servlet 对象是运行在 Servlet 容器中的，且是由容器来负责管理与调度的，那么容器该在何时创建 Servlet 对象？该在何时调用 Servlet 对象的相应方法？又该在何时销毁 Servlet 对象呢？

我们常说 Java 是一种面向对象的高级语言，万事万物皆是对象。我们把真实世界进行抽象，一个 Servlet 对象相当于一个人，容器相当于人的命运：容器创建了 Servlet 对象，相当于命运安排某个人诞生；容器调用 Servlet 对象的方法，相当于命运安排某个人开始工作，向社会提供相应的服务；容器销毁 Servlet 对象，相当于某个人离世。人活一世，草木一秋，Servlet 对象也有自己的生命周期，了解生命周期对于深入掌握 Servlet 技术是非常重要的。一般来说，一个 Servlet 对象的生命周期有 4 个阶段：加载与实例化、初始化、处理客户端请求、卸载。整个过程如图 3—7 所示。

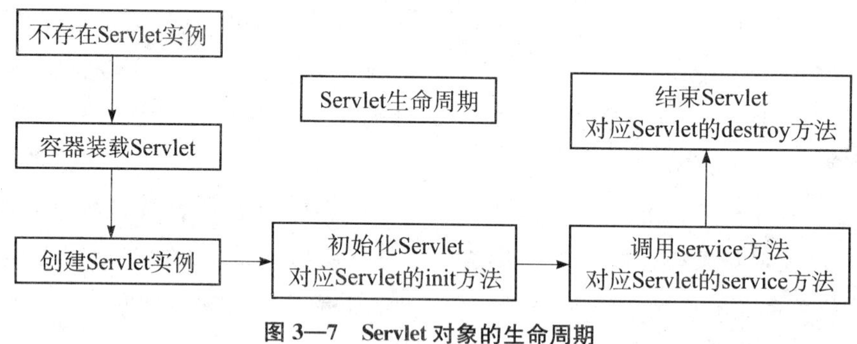

图 3—7 Servlet 对象的生命周期

1. Servlet 对象加载与实例化

Servlet 容器负责加载和实例化一个 Servlet 对象。一般来说，Servlet 对象可以在三种情况下加载到内存并被实例化：

（1）引擎启动时；

（2）把 Servlet 对象应用部署到 WEB 服务器时；

（3）用户通过浏览器第一次访问 Servlet 时。

首先容器必须先定位 Servlet 类，接着容器使用 Java 类加载工具加载该 Servlet 类。容器加载 Servlet 类以后，它会使用 Class. forName（）. newInstance（）来实例化该类的一个实例，因此我们需要在 Servlet 类中提供一个不带参数的构造器。需要注意的是容器可能会实例化多个实例，例如一个 Servlet 类实现了 SingleThreadModel 接口而导致容器为之生成一个实例池。

2. Servlet 对象初始化

Servlet 对象加载并被实例化后，容器将会调用 Servlet 的 init 方法，以便能在它处理客户端请求前初始化它。初始化的过程主要是读取配置信息，以及进行耗费资源的数据库连接（例如 JDBC 连接），因此我们可以把 Servlet 对象的初始化放到该方法中，init 方法签名如下：

```
public void init(ServletConfig config) throws ServletException
public void init() throws ServletException
```

ServletConfig 对象包含了用于初始化的参数，它是容器调用 init 方法时传递的参数。ServletConfig 提供的方法可以获取初始化参数以及它们的值：

```
public Enumeration getInitParameterNames()
public String getInitParameter(String name)
```

这些参数名字以及参数值是在部署配置文件 WEB. xml 中定义的。读者可以在本项目任务 4 中找到相应信息。

另外，ServletConfig 对象给 Servlet 对象提供了一个访问，实现了 ServletContext 接口具体对象的方法，该方法签名如下：

```
public ServletContext getServletContext()
```

实现了 ServletContext 接口的对象描述了 Servlet 的运行环境。我们将在项目四中详细讨论。

对于两个 init 方法，在实际开发中一般都覆盖不带参数的 init 方法，并做一些初始化操作。另外需要注意的是，该方法在一个 Servlet 生命周期中只会被执行一次，我们可以在 init 方法中输出语句来验证。

```
package cn.edu.siso.book.proj3.task2.exam1;

import java.io.IOException;
import javax.servlet.ServletException;
import javax.servlet.http.HttpServlet;
import javax.servlet.http.HttpServletRequest;
import javax.servlet.http.HttpServletResponse;
```

```
public class TestServletInit extends HttpServlet {

    @Override
    public void init() throws ServletException {
    System.out.println("call init method");
    }

    public void doGet(HttpServletRequest request, HttpServletResponse response) throws Servle-
tException, IOException {
    }

    public void doPost(HttpServletRequest request, HttpServletResponse response) throws Servle-
tException, IOException {
    doGet(request, response);
    }
}
```

把该 Servlet 部署后打开浏览器执行，发现 init 方法只在用户发送第一次请求到该 Servlet 时被执行一次。其后不论用户发送多少次请求，该方法都不会被执行了。

3. Servlet 对象处理客户端请求

一旦 Servlet 对象被初始化后，它就可以处理客户端请求了。在整个 Servlet 对象生命周期中，大部分的时间都是用来处理请求的。当客户端发送一个请求后，WEB 服务器会调用 Servlet 对象的 Service 方法，该方法签名如下：

```
public void service(ServletRequest request, ServletResponse response)
```

客户端的每一个请求由 ServletRequest 类型的对象代表，而 Servlet 使用 ServletResponse回应该请求。这些对象被作为 Service 方法的参数传递给 Servlet。在 HTTP 请求的情况下，容器必须提供代表请求和回应的 HttpServletRequest 和 HttpServletResponse 的具体实现。Service 方法还将会区分不同的 HTTP 请求类型，调用相应的 doXXX 方法进行处理，比如请求的是 get 类型，那么容器将会调用 Servlet 的 doGet 方法，而 post 类型的请求将会调用 doPost 方法。因此在实际的开发过程中，一般不去覆盖 Service 方法，而只需覆盖相应的 doXXX 方法实现业务逻辑。

4. Servlet 对象卸载

容器没有被要求将一个加载的 Servlet 对象保存多长时间，因此一个 Servlet 实例可能只在容器中存活了几毫秒，当然也可能是其他更长的任意时间。当容器由于某种原因要被移除时，如由于 WEB 服务器考虑到 WEB 应用的性能问题时或者管理员发送卸载请求时，或者系统将要关闭时，WEB 服务器将会卸载容器中的 Serlvet 对象，卸载之前将会调用 Servlet 的 destroy 方法。该方法签名如下：

```
public void destroy()
```

一般来说，该方法用来释放 Servlet 所持有的资源，比如在 init 方法中打开的数据库连接或者 IO 流，在 destroy 方法中都需要关闭。destroy 方法完成后，容器必须释放 Servlet 实例以便它能够被垃圾回收。该方法和 init 方法一样，只会被执行一次。

二、JDBC 概述

了解了 Servlet 的生命周期后，接下来我们要学习 Servlet 如何同数据库进行交互，这主要是通过 JDBC 技术来实现的。JDBC 的全称为 Java Database Connectivity standard，亦即 Java 数据库连接之意，它是 Java 语言用于访问数据库的 API，通过 JDBC 可以访问各类关系型数据库。JDBC 类库是 Java 核心类库的一部分，所有类库分布于 java. sql 和 javax. sql 包中。

1. JDBC 体系结构

20 世纪 90 年代后期，Sun 公司提出这样一种设想：为 Java 开发者设计一种方法，使其编写的高层代码能够访问所有流行的数据库管理系统，如 Oracle、DB2、Sybase 等，也就是让 Java 来操作各种类型的数据库。在这样的环境下，JDBC 应运而生。

系统结构如图 3—8 所示。

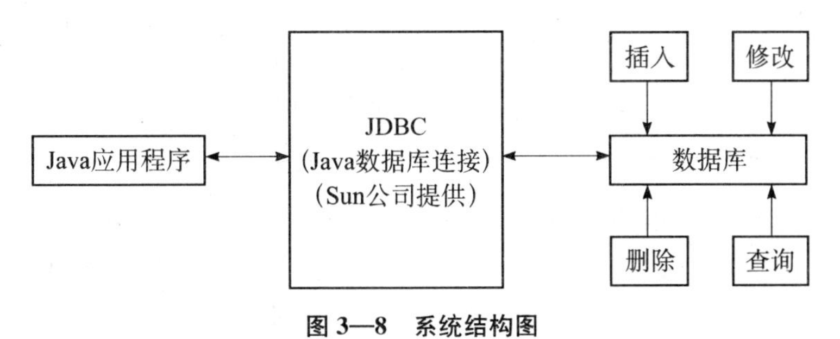

图 3—8 系统结构图

JDBC 的体系结构如图 3—9 所示。

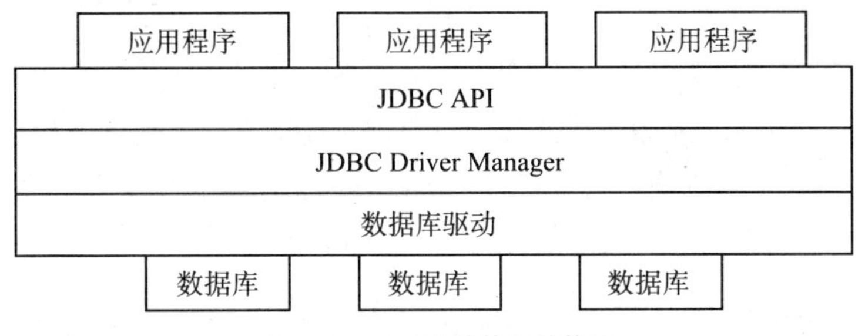

图 3—9 JDBC 的体系结构图

从图 3—9 中可以看出，JDBC API 的作用就是屏蔽不同的数据库驱动程序之间的差别，使得程序设计人员有一个标准的、纯 Java 的数据库程序设计接口，为在 Java 中访问任意类型的数据库提供技术支持。驱动程序管理器（Driver Manager）为应用程序装载数据库驱动程序。数据库驱动程序是与具体的数据库相关的，用于向数据库提交 SQL 请求。通过使用 JDBC，数据库应用开发者就不需要编写一个程序访问 Sybase 数据库，编写另外一个程序访问 Oracle 数据库，再编写第三个程序访问 Informix 数据库，而只需编写一个使用 JDBC API 的程序，就可以将 SQL 查询语句送往合适的数据库。同时，采用 Java 语言编写应用程序，具有平台无关性，不需要为不同的平台编写不同的应用程序。因此，采用 Java 和 JDBC 编写数据库应用程序的开发者可以真正做到“编写一次，随处可用”。

2. JDBC 类和接口

用户使用的 JDBC 类和接口是由一系列连接（Connection）、SQL 语句（Statement）和结果集（ResultSet）构成的，其主要作用概括起来有如下 3 个方面：

（1）建立与数据库的连接。

（2）执行 SQL 语句。

（3）处理数据库返回结果。

这些操作是通过一系列 API 实现的，其中的几个重要接口如表 3—1 所示。

表 3—1　　JDBC 重要接口

接　口	作　用
java. sql. DriverManager	处理驱动程序的加载和建立新数据库连接
java. sql. Connection	处理与特定数据库的连接
java. sql. Statement	在指定连接中处理 SQL 语句
java. sql. ResultSet	处理数据库操作结果集

DriverManager 类是 java. sql 包中用于数据库驱动程序管理的类，作用于用户和驱动程序之间。它跟踪可用的驱动程序，并在数据库和相应驱动程序之间建立连接。另外，DriverManager 类也处理诸如驱动程序登录时间限制及登录和跟踪消息的显示等事务。该类提供了一个方法，即 DriverManager. getConnection，这是开发人员最常用的方法，该方法通过返回一个 Connection 对象来建立与数据库的连接。该方法签名如下：

```
static Connection getConnection(String url,String user,String password)
```

Connection 是用来表示数据库连接的对象，对数据库的一切操作都是在这个连接的基础上进行的。如上所述，它是通过 DriverManager 类的静态方法——getConnection 方法获取的。Connection 类的主要成员方法如下所示：

```
Statement createStatement()
该方法创建一个 statement 对象
PreparedStatement prepareStatement(String sql)
该方法创建一个 PreparedStatement 对象
void commit()
调用该方法来提交对数据库的改动并释放当前连接持有的数据库的锁
```

```
void rollback()
调用该方法来回滚当前事务中的所有改动并释放当前连接持有的数据库的锁
boolean isClosed()
调用该方法来判断连接是否已关闭
void close()
调用该方法来立即释放连接对象的数据库和 JDBC 资源
```

Statement 用于将 SQL 语句发送到数据库中，执行对数据库的查询或者更新操作。实际上有 3 种 Statement 对象：Statement、PreparedStatement（继承自 Statement）和 CallableStatement（继承自 PreparedStatement）。它们都作为在给定连接上执行 SQL 语句的容器，每个都专用于发送特定类型的 SQL 语句：Statement 对象主要用于执行静态的 SQL 语句，PreparedStatement 对象主要用于执行预编译 SQL 语句，CallableStatement 对象用于执行对数据库已存储过程的调用。Statement 接口的主要成员方法如下所示：

```
void close()
调用该方法来关闭 Statement 语句指定的数据库连接
boolean execute(String sql)
调用该方法来执行 SQL 语句
ResultSet executeQuery(String sql)
调用该方法来进行数据库查询,返回结果集
int executeUpdate(String sql)
调用该方法来进行数据库更新
Connection getConnection()
调用该方法来获取对数据库的连接
ResultSet getResultSet()
调用该方法来获取结果集
```

Statement 接口提供了 3 种方法来执行 SQL 语句：executeQuery、executeUpdate 和 execute。executeQuery 方法用于产生存在单个结果集的 SQL 语句，如 SELECT 语句。executeUpdate 方法用于执行 INSERT、UPDATE、DELETE 语句及 DDL 语句，如 CREATE TABLE 和 DROP TABLE 语句。executeUpdate 方法的返回值是一个整数，表示它执行的 SQL 语句所影响的数据库中的表的行数。execute 方法用于执行返回多个结果集或多个更新计数的语句。

考虑这么一种情况，很多时候 SQL 语句都一样，只是某些参数不同，比如更新操作，要把数据库中 Emp 表中姓名为张三的薪水改为 1 000，姓名为李四的薪水改为 2 000。此时用 SQL 语句分别为：

```
UPDATEEmp SET salary = 1000 WHERE name like 张三
UPDATEEmp SET salary = 2000 WHERE name like 李四
```

如果使用 Statement，将要执行两次 executeUpdate 方法，而使用 PreparedStatement 却可以获得更高的执行效率。可以使用 Connection 的 PreparedStatement 方法建

立一个预先编译的 SQL 语句，其中参数可以变化的部分用“?”作为占位符，等到真正需要输入参数执行时，再使用相应的 setXXX 方法，指定“?”处真正应该有的参数类型和参数值。在实际开发中，往往使用 PreparedStatement 来代替 Statement。

ResultSet 用来暂时存放数据库查询操作获得的结果，它包含了符合 SQL 语句中符合条件的所有行，并且它提供了一套 get 方法对这些行中的数据进行访问。另外它还提供了 next 方法用于移动到 ResultSet 中的下一行，使下一行成为当前行。

```
boolean first()
将指针移动到结果集对象的第一行
int getInt(int columnIndex)
获取当前行中某一列的值,返回一个整型值
String getString(int columnIndex)
获取当前行中某一列的值,返回一个字符串
boolean last()
将指针移动到结果集的最后一行
boolean next()
将指针移动到当前行的下一行
boolean previous()
将指针移动到当前行的前一行
```

三、数据库的 CRUD 操作

CRUD 是在做计算处理时的增加（Create）、查询（Retrieve）、更新（Update）和删除（Delete）几个单词的首字母组合，主要被用在描述软件系统中数据库或者持久层的基本操作功能。

JDBC 程序访问数据库的步骤如图 3—10 所示。

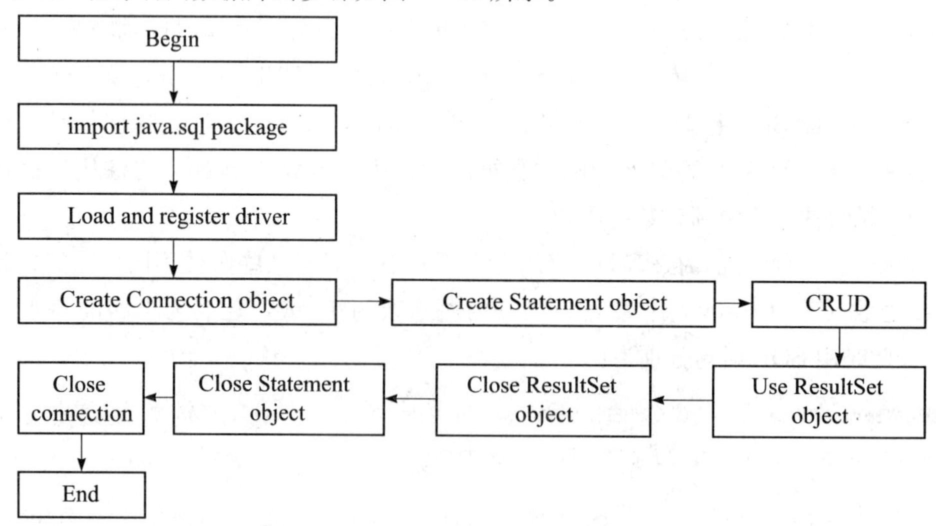

图 3—10　JDBC 程序访问数据库的步骤

JDBC 程序访问数据库分为如下几个步骤。

1. 引用必要的包

代码为：

```
import java.sql.*
```

该包中含有操作数据库的各个类与接口。

2. 加载并注册驱动程序

如果要与特定的数据库相连接，则 JDBC 必须加载相应的驱动程序类。这通常可以采用 Class.forName() 方法显式地加载一个驱动程序类，由驱动程序负责向 DriverManager 登记注册，然后在与数据库相连接时，DriverManager 将使用该驱动程序。另外，各数据库厂商提供的驱动程序一般是以 Jar 包的形式提供的，此时要把 Jar 包添加到程序的 classpath 中。

常见的数据库驱动类如下所示：

```
MySQL : com.mysql.jdbc.Driver
SQL Server: com.microsoft.sqlserver.jdbc.SQLServerDriver
Oracle: oracle.jdbc.driver.OracleDriver
Class.forName("com.mysql.jdbc.Driver")
```

该语句直接加载了 MySQL 驱动程序类。

3. 创建与数据库的连接

驱动程序注册后，就可以向 DriverManager 要求并获得 Connection 对象了。Connection 对象是数据库连接的具体代表，一个 Connection 对象代表一个数据库连接，可以调用 DriverManager 的 getConnection 方法传入指定的连接 URL、用户名和密码来获得。

连接 URL 定义了连接数据库要使用的协议、子协议、数据源识别信息，它的形式为：

```
<protocol(主要通讯协议)>:<subprotocol(次要通讯协议,即驱动程序名称)>:<data source identifier(数据源)>
```

协议在 JDBC 总是以"jdbc"开始，子协议是数据库管理系统名称，数据源识别标出数据库来源的地址和连接端口。

MySQL 的 JDBC URL 格式为：

```
jdbc:mysql//[hostname][:port]/[dbname][?param1 = value1]
```

如主机名为 localhost、端口号为 3306、数据库名为 test 的 URL 连接为：jdbc：mysql：//localhost：3306/test。

常见的数据库连接 URL 如下所示：

```
SQL Server: jdbc:sqlserver://localhost:1433:DatabaseName = test
```

```
Oracle: jdbc:oracle:thin:@localhost:1521:sid
```

下列代码表示创建一个数据库连接：

```
String url = " jdbc:mysql://localhost:3306/test ";
String username = " root ";
String password = " root ";
Connection conn = DriverManager.getConnection(url, username,password)
```

4. 创建 Statement 对象

获得数据库连接后，如果要执行 SQL 语句，就必须创建 Statement 对象，如：

```
Statement stmt = conn.createStatement()
```

5. 数据库的增删改查操作

获得 Statement 对象后，可以使用 executeUpdate 方法或者 executeQuery 方法来执行 SQL 语句。

其中 executeQuery 方法执行的是 SQL 查询语句，而 executeUpdate 方法执行的是增删改等语句。

```
String strSQL = "select * from test";
ResultSet rs = stmt.executeQuery(strSQL)
```

上述语句返回的是一个结果集，代表符合 SQL 查询语句条件所有的行。

```
String strUpd = "update test set xxx = yyy";
int rows = stmt.executeUpdate(strUpd)
```

上述语句返回的是一个值，该值的结果是本次操作影响到的记录数。

6. 使用 ResultSet 对象处理结果

当执行 select 语句返回结果集时，我们要对该结果集进行处理，比如要把搜索结果打印到控制台，此时要用到 ResultSet 对象的 next 方法及 getXXX 方法，示例代码如下：

```
while (rs.next())
{
        System.out.println(rs.getString(1));
        System.out.println(rs.getInt(2));
}
```

该结果集有 2 个字段列，第一列为字符串类型，第二列为整数类型。把数据库符合搜索条件的所有行都打印出来。

7. 关闭各 JDBC 对象

数据库的 CRUD 裁判者完成后，应该把使用到的 JDBC 对象全部关闭，以释放 JD-

BC资源。

调用ResultSet的close方法：

```
rs.close()
```

调用Statement的close方法：

```
stmt.close()
```

调用Connection的close方法：

```
conn.close()
```

四、Servlet生命周期与数据库操作实例

返回到我们的需求，现在要写一个Servlet，该程序要把用户输入的用户名、密码与保存在后台数据库中的用户名、密码进行比较：如果两者匹配，那么将输出一个成功页面，上面显示"您已经成功登录"；如果两者不匹配也将输出一个页面，上面显示"您输入的用户名或者密码不正确，请重新登录"。

1. 数据库设计

在MySQL的Test数据库下创建一个叫user_info的表，该表中有两个字段：

```
CREATE TABLE `user_info` (
    `username` VARCHAR(20),
    `password` VARCHAR(20)
)
```

为了示例简单，用户名和密码都是以明文形式存在于数据库中的。

再在表user_info中插入一条数据：

```
insert into user_info values("admin", "admin")
```

2. HTML表单设计

```
<html>
    <title>登录界面</title>
    <body>
      <h1>在数据库中验证的登录界面</h1>
      <hr/>
      <form action = "/LoginApp/LoginAuthInDB"method = "post">
          请输入您的用户名:<input type = "text"name = "username"/> <br/>
          请输入您的密码: <input type = "password"name = "password"/> <br/>
          <input type = "submit"value = "提交"/>
      </form>
    </body>
</html>
```

3. Servlet 程序设计

根据 Servlet 生命周期，init 方法打开了一个数据库连接，其中的数据库驱动、连接字符串、用户名、密码等参数是硬编码在程序内部的，这在实际开发中应该避免，我们可以用 ServletConfig 来获取这些参数值。

destroy 方法把打开的数据库连接进行了回收。

```
package cn.edu.siso.book.proj3.task2.exam2;

import java.io.*;
import java.sql.*;
import javax.servlet.*;
import javax.servlet.http.*;

public class LoginAuthInDB extends HttpServlet {

private Connection conn = null;
public LoginAuthInDB() {
    super();
    }

    public void destroy() {
      if(conn! = null){
         try {
           conn.close();
         } catch (SQLException e) {
           e.printStackTrace();
         }
      }
    }

    public void doGet(HttpServletRequest request, HttpServletResponse response)
          throws ServletException, IOException {

      response.setContentType("text/html;charset = GB2312");
      PrintWriter out = response.getWriter();

      //获得用户输入表单的值
      String strInputName = request.getParameter("username");
      String strInputPwd = request.getParameter("password");

      //把用户输入的值和数据库中的值进行验证
      if(AuthInDb(strInputName,strInputPwd))
```

```
        {
            out.println("<h1>您已经成功登录</h1>");
        }
        else
        {
            out.println("<h1>您输入的用户名或者密码不正确</h1>");
            out.println("<a href = index.html>请重新登录</a>");
        }
        out.flush();
        out.close();
    }

    /**
     * 该方法把用户表单输入的用户名和密码在数据库中验证
     * 如果数据库中存在用户输入的用户名和密码,则返回真
     */
private boolean AuthInDb(String name, String pwd)
{
        try {
          Statement stmt = conn.createStatement();
          String sql = "select * from user_info where" +
                     " username ='" + name + "' and" +
                     " password ='" + pwd + "'";
          ResultSet rs = stmt.executeQuery(sql);
          while(rs.next()){
              return true;
          }
        } catch (SQLException e) {
          e.printStackTrace();
        }
        return false;

    }

    public void doPost(HttpServletRequest request, HttpServletResponse response)
          throws ServletException, IOException {
       doGet(request,response);
    }

    /**
     * 根据驱动程序、连接字符串、用户名、密码获得
     * 数据库连接对象
     */
```

```
    private Connection openDB(String drv, String url, String name, String pwd){
        try {
            Class.forName(drv);
            conn = DriverManager.getConnection(url, name, pwd);
        } catch (ClassNotFoundException e) {
            e.printStackTrace();
        } catch (SQLException e) {
            e.printStackTrace();
        }
        return conn;
    }

    public void init() throws ServletException {
        /* 传入数据库的驱动程序字符串
         * URL连接字符串
         * 用户名及密码
         */
        String strDbDriver = "com.mysql.jdbc.Driver";
        String strDbURL = "jdbc:mysql://localhost:3306/test";
        String strDbRoot = "root";
        String strDbPass = "123456";
        openDB(strDbDriver,strDbURL,strDbRoot,strDbPass);
    }
}
```

4. WEB.xml

```
<?xml version="1.0" encoding="UTF-8"?>
<web-app version="2.5"
    xmlns="http://java.sun.com/xml/ns/javaee"
    xmlns:xsi="http://www.w3.org/2001/XMLSchema-instance"
    xsi:schemaLocation="http://java.sun.com/xml/ns/javaee
    http://java.sun.com/xml/ns/javaee/web-app_2_5.xsd">

  <servlet>
    <servlet-name>LoginAuthInDB</servlet-name>        //此处代表的是该servlet名字
<servlet-class>cn.edu.siso.book.proj3.task2.exam2.LoginAuthInDB</servlet-class>  //此
处代表该servlet对象的class
  </servlet>
  <servlet-mapping>      //此处对servlet名字与URL进行映射
    <servlet-name>LoginAuthInDB</servlet-name>
    <url-pattern>/LoginAuthInDB</url-pattern>
  </servlet-mapping>
```

```
  <welcome-file-list>       //欢迎页面
      <welcome-file>index.html</welcome-file>
  </welcome-file-list>
</web-app>
```

【教你一招】以下是常见数据库的 JDBC 连接驱动和字符串：

1. MySQL

```
driver = "org.gjt.mm.mysql.Driver"
url = "jdbc:mysql://host:3306/DBName"
```

2. Oracle

```
driver = "oracle.jdbc.driver.OracleDriver"
url = "jdbc:oracle:thin:@host:1521:ORCL"
```

3. Microsoft SQLServer

```
driver  = "com.microsoft.jdbc.sqlserver.SQLServerDriver"
url  = "jdbc:microsoft:sqlserver://host:1433;databaseName = master"
```

知识拓展

这里介绍通过 ServletConfig 对象来获取初始化参数。

我们在前面提到，把数据库驱动、连接字符串、用户名和密码等参数信息用硬编码的形式直接写在 init 方法中是不可取的，因为一旦出现用户更换了数据库或者更改了密码等情况，那么程序就将无法运行。为了解决这个问题，我们应该把上述信息放在配置文件中，再在 init 方法中读取配置文件中的参数，这种做法可以实现数据库与 Servlet 的解耦，从而分离具体数据库和 Servlet 程序的依赖。

1. 首先改写 WEB.xml

在<servlet-class>XXX</servlet-class>后加入<init-param>元素，该元素用于定义 Servlet 需要的初始化参数，如下所示：

```
<?xml version = "1.0" encoding = "UTF-8"?>
<web-app version = "2.5"
    xmlns = "http://java.sun.com/xml/ns/javaee"
    xmlns:xsi = "http://www.w3.org/2001/XMLSchema-instance"
    xsi:schemaLocation = "http://java.sun.com/xml/ns/javaee
    http://java.sun.com/xml/ns/javaee/web-app_2_5.xsd">

  <servlet>
      <servlet-name>LoginAuthInDB</servlet-name>
```

```
    <servlet-class>cn.edu.siso.book.proj3.task2.exam2.LoginAuthInDB</servlet-class>

  <init-param>
      <param-name>drv</param-name>
      <param-value>com.mysql.jdbc.Driver</param-value>
  </init-param>
  <init-param>
      <param-name>url</param-name>
      <param-value>jdbc:mysql://localhost:3306/test</param-value>
  </init-param>
  <init-param>
      <param-name>username</param-name>
      <param-value>root</param-value>
  </init-param>
  <init-param>
      <param-name>password</param-name>
      <param-value>123456</param-value>
  </init-param>

  </servlet>
  <servlet-mapping>
    <servlet-name>LoginAuthInDB</servlet-name>
    <url-pattern>/LoginAuthInDB</url-pattern>
  </servlet-mapping>

  <welcome-file-list>
    <welcome-file>index.html</welcome-file>
 </welcome-file-list>
</web-app>
```

<init-parameter>元素中<param-name>元素是参数名字，<param-value>元素是对应参数的值。

2. 改写 init 方法

```
public void init() throws ServletException {
    //获得 ServletConfig 对象
    ServletConfig config = getServletConfig();

    //从 WEB.xml 中获得初始化参数
    String strDbDriver = config.getInitParameter("drv");
    String strDbURL = config.getInitParameter("url");
    String strDbRoot = config.getInitParameter("username");
    String strDbPass = config.getInitParameter("password");

    openDB(strDbDriver, strDbURL, strDbRoot, strDbPass);
}
```

利用 ServletConfig 对象的 getInitParameter 方法来获取定义在 WEB. xml 中的初始化配置参数的值。该方法的输入参数是<param-name>元素的值，而返回值是<param-value>元素的值。

思考练习

一、简答题

简述利用 JDBC 操纵数据库的一般步骤。

二、实训题

在数据库中建立一张表，表名叫“Book”，里面有 3 个字段，即书编号、书名、价格。表单中输入书名，提交到 Servlet 后，Servlet 根据书名查找数据库中相应记录，并将价格输出到浏览器中。

任务 3　页面的跳转与包含

在本项目任务 2 中，我们知道了 Servlet 程序如何和后台数据库进行交互，如何进行数据库的增删改读操作。任务 2 是要求对表单输入的数据和数据库中的数据进行验证，如果表单输入的用户名、密码和数据库中的用户名、密码完全符合，那么会显示一个登录成功的页面；而如果两者不相符，则会显示一个登录不成功的页面，该页面中有一个超链接返回到登录页面。我们在任务 2 的 Servlet 程序中打印出了登录成功和不成功的页面，也即这些页面是动态生成的。但是在实际的应用中，这些页面都是事先编辑好的，那么我们就需要这么一种技术：可以根据不同的结果跳转到不同的页面。

应用场景

在本任务中，我们要改写任务 2 生成的程序，对于验证通过的用户，我们将跳转到一个成功页面，对于验证没通过的用户，我们将直接跳转到登录页面让用户重新登录。

事先编辑好一个文件 suc. html，文件中只有简单的一句话：“您已经成功登录”。对于验证没通过的用户，我们将直接跳转到登录页面 index. html。

任务分析

很多时候，网页的格式和数据是分开的。在某个动态网站中，结果网页都是事先编辑好的，程序只把数据传递给那些网页，而不用自己生成，因此会用到 Servlet 中页面的跳转与包含。

解决方案

1. Servlet 请求资源的跳转
2. Servlet 请求资源的包含

一、Servlet 请求资源的跳转

Servlet 中对请求资源的跳转主要有两种方式：Servlet 请求重定向和 Servlet 请求转发。

1. 请求重定向

使用 HttpServletResponse 的 sendRedirect（）方法可以实现请求的重定向，该方法签名为：

```
public void sendRedirect(String url)
```

这个方法将响应定向到参数 url 指定的新的资源。url 可以是一个绝对地址，如 response. sendRedirect（“http：//java. sun. com”），也可以使用相对地址，如果 url 以“/”开头，则容器认为是相对于当前 WEB 站点的根，否则，容器将解析为相对于当前请求的 url 地址。请求重定向将导致客户端浏览器的请求链接跳转，从浏览器中的地址栏中可以看到新的链接地址。

请求重定向的基本原理是把当前响应返回到浏览器，再通过浏览器发送一个新的资源请求到指定地址，如图 3—11 所示：

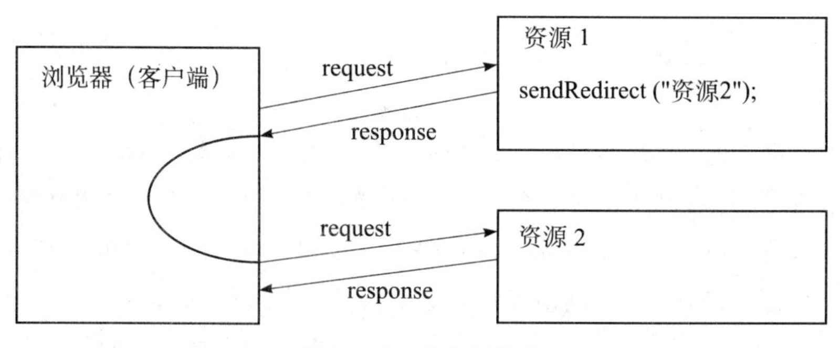

图 3—11　重定向请求

2. 请求转发

请求转发类似于请求重定向，是把当前请求转发到另一个资源，它是用 Request-Dispatcher 对象的 forward（）方法来实现的。方法签名如下：

```
public void forward(HttpServletRequest req, HttpServlerResponse res)
```

和请求重定向不同，这个方法中不包含需要跳转的资源地址，该地址是在创建RequestDispatcher对象时设置的，可以用两种方法来获得 RequestDispatcher 对象：

（1）HttpServletRequest 对象的 getRequestDispatcher（String url）方法。

（2）ServletContext 对象的 getRequestDispatcher（String url）方法。

第一个方法的 url 地址如果以“/”开头，则容器认为是相对于当前 WEB 应用的根，否则，容器将解析为相对于当前请求的 url 地址。比如：当前 Servlet 匹配的 url 路径是/LoginApp/servlet/test，那么 request. getRequestDispatcher（“/test. html”）则会在当前 WEB 应用下即/LoginApp 下查找 test. html，即浏览器会这样寻找/LoginApp/test. html。而如果没有“/”，如 request. getRequestDispatcher（“test. html”），则会在当前路径下寻找 test. html，在这里就是/LoginApp/servlet/test. html。

第二个方法的 url 地址一定要以“/”开头，它是在当前 WEB 应用下寻找 url 代表的资源。这里就是/LoginApp/test. html。

测试代码如下：

```
public void doGet(HttpServletRequest request, HttpServletResponse response)
        throws ServletException, IOException {

    //对于 request 对象的 getRequestDispatcher 方法来说
    //如果 url 有"/",容器会认为是以 WEB 应用的根目录,如/LoginApp/index.html
    //如果 url 没有"/",容器会认为是相对于当前请求的路径,如/LoginApp/servlet/index.html
    request.getRequestDispatcher("index.html").forward(request, response);

    //servletContext 对象的 url 必须有"/"
    //相对于当前 WEB 应用
getServletContext().getRequestDispatcher("/index.html").forward(request, response);

}
```

3. 转发与重定向的区别

尽管重定向和转发都可以让浏览器获得另外一个 url 所指向的资源，但两者的内部运行机制有很大的区别，表现如下：

（1）转发只能将请求转发给同一个 WEB 应用中的组件；而重定向不仅可以重定向到当前应用程序中的其他资源，还可以重定向到同一个站点上的其他 WEB 应用程序中的资源，甚至重定向到其他站点的资源。如果重定向的 url 以“/”开头，则它是相对于整个 WEB 站点的根目录；如果转发的 url 以“/”开头，则它是相对于当前 WEB 应用程序的根目录。

（2）重定向的访问过程结束后，浏览器地址栏中显示的 URL 会发生改变，由初始的 URL 地址变成重定向的目标 URL；而转发过程结束后，浏览器地址栏保持初始的 URL 地址不变。

（3）重定向对浏览器的请求直接作出响应，响应的结果就是告诉浏览器去重新发出对另外一个 URL 的访问请求。打个比方：有个叫“浏览器”的人写信找张三借钱，（发送请求），张三回信说没有钱（响应请求），让“浏览器”去找李四借（资源的跳转重定向），并将李四现在的通信地址告诉给了“浏览器”（把 URL 告诉给 response 对象），于是，“浏览器”又按张三提供的李四的地址向李四写信借钱（再次发送请求），李四收到信后就把钱汇给了“浏览器”（再次响应请求）。可见，“浏览器”一共发出了两封信（两次请求）和收到了两次回复（两次响应），“浏览器”也知道他借的钱是来自李四。而转发是在服务器端内部将请求转发给另外一个资源，浏览器只知道发出了请求并得到了响应结果，并不知道在服务器程序内部发生了转发行为。还是拿上面的例子进行比较：这个叫“浏览器”的人写信找张三借钱（发送请求），张三没有钱，于是张三找李四借了一些钱（资源的跳转转发），然后再将这些钱汇给了“浏览器”（响应请求）。可见，“浏览器”只发出了一封信（一次请求）和收到了一次回复（一次响应），他只知道从张三那里借到了钱，但并不知道这钱是出自李四之手。

（4）如上所述，转发的过程在同一个访问请求和响应过程中，它们共享相同的 request对象和 response 对象；而重定向的调用者与被调用者使用各自的 request 对象和 response 对象，它们属于两个独立的访问请求和响应过程。

（5）无论是重定向还是转发，在进行资源跳转之前，都不能有内容已经被实际输出到了客户端。如果缓冲区中已经存在了一些输出内容，这些内容将被从缓冲区中清除。

4. 程序的改写

根据需求，我们来编写程序，我们首先定义一个 Servlet 类名叫 LoginPageDispatcher，该类和本项目任务 2 中的类 LoginAuthInDB 很类似，除了 doGet 方法有所不同，其他方法都一样。这里贴出 doGet 方法：

```
public void doGet(HttpServletRequest request, HttpServletResponse response)
        throws ServletException, IOException {

    //获得用户输入表单的值
    String strInputName = request.getParameter("username");
    String strInputPwd = request.getParameter("password");

    //定义转发对象
    RequestDispatcher rd = null;

    //把用户输入的值和数据库中的值进行验证
    if(AuthInDb(strInputName,strInputPwd))
    {
```

```
            //成功则跳转到 suc.html 页面
            rd = request.getRequestDispatcher("/suc.html");
            rd.forward(request, response);
        }
        else
        {
            //失败则跳转回登录页面
            rd = request.getRequestDispatcher("/index.html");
            rd.forward(request, response);
        }
    }
```

表单文件 index. html 也需改写，把 action 属性对应于上面的 Servlet 对象：

```
<form action = "/LoginApp/PageDispatcher" method = "post">
```

同时在 WEB 应用根目录下新增一个 suc. html 文件。

部署文件 WEB. xml 和本项目任务 2 中类似，在此不再赘述。

当用户输入的用户名、密码验证通过时，会导向至 suc. html；反之则会跳转到登录页面。

二、Servlet 请求资源的包含

从上面的页面跳转例子我们可以看出，页面的跳转对于 Servlet 类的编写者来说减少了很多 html 页面的编辑工作，有助于程序逻辑与页面显示的分离。

但是在实际应用中，只有页面的跳转还是不够的，有时还需要在一个资源中引用另一个资源。比如在上面例子中，当用户名、密码验证不通过时，我们只是简单地将页面跳转回登录页面，而没有进行相应的错误提示，显然这对用户界面的友好性是一种违背。

接下来，我们将提出这样一个需求：当用户名、密码验证失败时，将显示一个页面，该页面由两部分组成，第一部分是一个错误信息，第二部分是登录表单。

这个需求我们可以用 3 种方法实现：

第一种办法，就是在 Servlet 程序中直接输出整个 html 页面，即在代码中验证不通过的部分用 PrintWriter 对象输出整个 html 页面。

第二种方法，就是新建一个 html 页面如 err. html，该 html 由两部分组成，一部分是错误信息，另一部分是代码（和登录页面的代码相同）。显然第一种办法在我们学习了跳转技术之后谁都不愿意去做，而第二种方法看上去似乎不错，但是违背了代码的可重用性原则。设想一下，如果登录页面修改了，那么相应的 err. html 页面也需要随之变动，虽然很多时候都是简单的代码拷贝复制工作，但是一旦程序的复杂性变大，这种简单的拷贝复制工作也是非常繁杂的。

第三种方法就是新建一个 err. html 页面，该页面只有一个错误信息提示，并没有

登录表单。而在 Servlet 程序中利用资源包含技术，在输出整个页面时把 err. html 和 index. html 两个页面包含进来。

资源包含是通过 RequestDispatcher 对象的 include 方法来实现的，如下所示：

```
RequestDispatcher rd = request.getRequestDispatcher("需要包含的资源路径");
rd.include(request,response);
```

可以看到，资源包含和资源转发一样，都是利用 RequestDispatcher 对象的相关方法来实现的。该对象可以用 request 对象或者 ServletContext 对象来获取，关于两者之间的区别请参照本任务上述的"请求转发"部分。

接下来，我们将采用第三种方法来实现我们的需求：

首先定义一个新的 Servlet，名称为 LoginPageIncluder，该类和 LoginPageDispatcher 类似，只需要更改 doGet 方法的 else 部分：

```
public void doGet(HttpServletRequest request, HttpServletResponse response) throws Servlet
Exception, IOException {
        ..................
        //把用户输入的值和数据库中的值进行验证
        if(AuthInDb(strInputName,strInputPwd))
        {
            //成功则跳转到 suc.html 页面
            ......
        }
        else
        {
            //失败则包含错误页面及登录页面
            rd = request.getRequestDispatcher("/err.html");
            rd.include(request, response);
            rd = request.getRequestDispatcher("/index.html");
            rd.include(request, response);
        }
    }
```

在 WEB 应用根目录下新建一个 err. html，部署描述文件 WEB. xml 和上个例子类似。

程序部署打开浏览器运行，输入用户名和密码验证失败后的页面如图 3—12 所示。

在 Servlet 中除了可以包含静态资源（如 HTML 页面）外，还可以包含动态资源（如 Servlet），方法与包含静态资源类似。假设上面例子中存在一个 Servlet，名称为 ErrServlet，它负责向浏览器输出一句错误信息。此时只需要将 request. getRequestDispatcher（"/err. html"）. include（req，res）中的"/err. html"换为 ErrServlet 对应的 URL 映射。

登录不正确，请重新登录

在数据库中验证的登录界面

请输入您的用户名：

请输入您的密码：

提交

图 3—12　用户名和密码验证失败后的页面

【教你一招】可以将一个大页面分成几个小页面，如 head 页面、foot 页面、left 页面、main 页面等，然后将这些小页面用 include 包含起来。

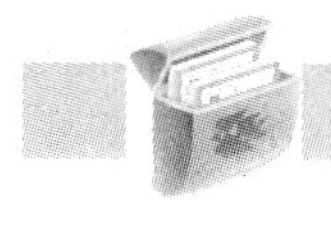

知识拓展

Java 编码规范：所有变量的定义应该遵循匈牙利命名法，它使用 3 字符前缀来表示数据类型，3 个字符的前缀必须小写，前缀后面是由表意性强的一个单词或多个单词组成的名字，而且每个单词的首字母要大写，其他字母要小写，这样就可以保证对变量名能够进行正确的断句。

思考练习

一、简答题

简述在资源跳转中，重定向与转发的区别。

二、实训题

改写本项目任务 2 的实训题，书的价格的输出改用跳转或包含实现。

任务 4　程序的部署

在前面的几个任务中，我们了解了如何开发一个简单的登录程序，并且部署到 Tomcat 服务器中，但对于 WEB 程序的目录结构和部署描述文件没有涉及。接下来我们就对这两个问题进行讲解。

应用场景

为了解除具体数据库和应用程序的绑定，即数据库的驱动字符串、连接字符串、用户名、密码等相应信息通过配置文件实现配置化，我们在任务 2 的 Servlet 中使用了<init-param>元素。在任务 3 中，我们也需要在各个 Servlet 中配置<init-param>元素，这样会导致 WEB. xml 急剧膨胀。为了解决这个问题，我们需要在部署描述文件中配置相应元素。

任务分析

Java WEB 程序都需要部署在 WEB 服务器中才可以运行，Tomcat 就是一个常用的开源 WEB 容器。Tomcat 中有部署文件描述符，它是一个 xml 文件，在部署过程中可能需要修改此文件。

解决方案

1. WEB 应用程序的目录结构
2. WEB 应用程序部署

一、WEB 应用程序的目录结构

WEB 应用程序是 Servlet 类、JSP 页面、静态页面、其他类和其他资源的集合，它们可以用标准方式打包，并运行于来自多个供应商的多个容器中。WEB 应用程序存在于结构化层次结构的目录中，该层次结构是由 Java Servlet 规范定义的。

Servlet 规范中明确定义了其目录的组织结构。一个 WEB 应用程序的目录组织层次结构如图 3—13 所示。

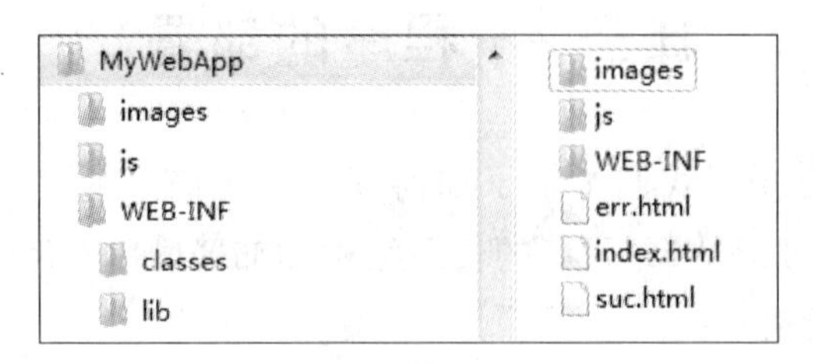

图 3—13　WEB 目录组织层次结构

如图 3—13 所示的 WEB 应用程序的根目录是 MyWebApp。

WEB 应用程序根目录下主要有以下文件和目录：

（1）images 目录：存放网页图片。

（2）js 目录：存放 javascript 代码。

（3）WEB-INF 目录：WEB 应用部署目录，此目录下的文件客户端浏览器无法直接访问，该目录下的文件只有 WEB 服务器才可以访问。

（4）html 文件：通常存放在 WEB 应用程序的根目录上，有时为了便于管理也可以存放在根目录下的其他目录下。

以上目录除了 WEB-INF 目录是必需的，其他都可随意指定目录名称或者干脆没有。此时，可以用这种方式访问：http：//servername：port/MyWebApp。

WEB-INF 目录下包括以下几个文件：

（1）WEB. xml：部署描述文件，是 WEB-INF 目录下最重要的文件，它描述了程序的部署和配置信息，为 WEB 服务器所使用。

（2）classes：WEB 应用的类文件存放处，如 WEB 应用中的 Servlet 类文件。

（3）lib：部署 java 类库文件存放处，WEB 应用使用的一些其他库文件存放处。

WEB 应用程序根目录下的资源是可以通过客户端浏览器直接访问的，但有时有些资源出于安全性考虑不希望客户端浏览器直接访问，因此可以把这些资源放到 WEB-INF 目录下。该目录下的资源只有 WEB 服务器可以访问。

二、WEB 应用程序部署

前面说过，WEB. xml 文件是 WEB-INF 目录下最重要的一个文件，它描述了程序的部署及配置信息。文件以<? xml version＝“1.0” encoding＝“UTF-8”? >开头，<web-app>是整个 xml 文件的根元素，该元素中定义了如 xmlns，xmlns：xsi，version 等属性，可以在这些属性中设定 Servlet 规范的版本。

<web-app>元素有若干子元素，常见的有以下元素。

1. <welcome-file-list>元素

<welcome-file-list>：该元素包含一个子元素 welcome-file，用来定义首页列表。<welcome-file>元素用来指定默认首页文件名称，我们可以用<welcome-file>指定几个首页，而服务器会依照设定的顺序来查找首页。

```
<welcome-file-list>
        <welcome-file>index.jsp</welcome-file>
</welcome-file-list>
```

2. <error-page>元素

<error-page>元素包含三个子元素，即 error-code、exception-type 和 location，

将错误代码（Error Code）或异常（Exception）与某个资源对应：

（1）<error-code>元素指明某个 Http 错误代码，如 404 错误码。

（2）<exception-type>元素指明一个完全限定的 Java 异常类型。

（3）<location>元素指明在该 WEB 应用内的资源路径。

```
<error-page>
            <error-code>404</error-code>
            <location>/error404.jsp</location>
</error-page>
<error-page>
<exception-type>java.lang.Exception</exception-type>
<location>/except.jsp</location>
</error-page>
```

3. <servlet>元素

<servlet>元素用来声明一个 Servlet，它主要包括以下几个子元素：<servlet-name>、<servlet-class>、<init-param>。<servlet>元素必须含有<servlet-name>元素和<servlet-class>元素：

（1）<servlet-name>元素用来定义 Servlet 的名称，该名称在整个 WEB 应用中必须是唯一的。

（2）<servlet-class>元素用来指定 Servlet 类的完全限定的名称，即需要加完整包名和类名。

（3）<init-param>元素可以将初始化参数名和参数值传递给 Servlet。包括两个子元素，即<param-name>和<param-value>。

a. <param-name>元素定义了要传递给 Servlet 参数的名称。

b. <param-value>元素定义了要传递给 Servlet 参数的值。

<init-param>元素的用法请参见项目三任务 2 的知识拓展部分 ServletConfig。

```
<servlet>
        <servlet-name>LoginAuthInDB</servlet-name>
        <servlet-class>cn.edu.siso.proj3.task2.LoginAuthInDB</servlet-class>
        <init-param>
                <param-name>drv</param-name>
                <param-value>com.mysql.jdbc.Driver</param-value>
        </init-param>
</servlet>
```

4. <servlet-mapping>元素

<servlet-mapping>元素包含两个子元素，即<servlet-name>和<url-pattern>，用来匹配用户的请求 url 与该请求 url 定义的 Servlet。

(1) <servlet-name>元素定义 Servlet 的名称，要与<servlet>元素定义的<servlet-name>相同。

(2) <url-pattern>元素定义 Servlet 所对应的 url。当 WEB 服务器创建好一个 Servlet 后，它还需要指定此 Servlet 用来处理什么样的用户请求，也就是当 WEB 服务器接收到用户请求后，需要有一个机制把用户请求和 Servlet 做一个对应。该元素就是实现这样一个匹配机制，把某个用户请求 url 匹配给某一个 Servlet，然后通过 Servlet 名字搜索到 Servlet 类。

```
<servlet-mapping>
    <servlet-name>LoginChecker</servlet-name>
        <url-pattern>/LoginChecker</url-pattern>
</servlet-mapping>
```

5. <context-param>元素

<context-param>元素与< init-param>元素意义相近，但<context-param>元素是将初始化参数名和参数值传递给该 WEB 应用下的所有 Servlet，而<init-param>元素是定义在<servlet>元素内部，只负责传递该 Servlet 的初始化参数。

<context-param>元素包含两个子元素，即<param-name>和<param-value>：

(1) <param-name>子元素设定参数的名称。

(2) <param-value>子元素设定参数的值。

<context-param>元素的用法请参见项目四任务 1 中的“ServletContext”部分。

```
<context-param>
    <param-name> drv </param-name>
    <param-value> com.mysql.jdbc.Driver </param-value>
</context-param>
```

一个完整的 WEB.xml 配置例子如下所示：

```
<?xml version="1.0"encoding="UTF-8"?>
<web-app version="2.5"
    xmlns="http://java.sun.com/xml/ns/javaee"
    xmlns:xsi="http://www.w3.org/2001/XMLSchema-instance"
    xsi:schemaLocation="http://java.sun.com/xml/ns/javaee
    http://java.sun.com/xml/ns/javaee/web-app_2_5.xsd">
<context-param>
```

```
        <param-name>drv</param-name>
        <param-value>com.mysql.jdbc.Driver</param-value>
</context-param>
<context-param>
        <param-name>url</param-name>
        <param-value>jdbc:mysql://localhost:3306/test</param-value>
</context-param>
<servlet>
      <servlet-name>LoginAuthInDB</servlet-name>
<servlet-class>cn.edu.siso.book.proj3.task2.exam2.LoginAuthInDB</servlet-class>
      <init-param>
          <param-name>username</param-name>
          <param-value>root</param-value>
      </init-param>
      <init-param>
          <param-name>password</param-name>
          <param-value>123456</param-value>
      </init-param>
    </servlet>
    <servlet-mapping>
      <servlet-name>LoginAuthInDB</servlet-name>
      <url-pattern>/LoginAuthInDB</url-pattern>
    </servlet-mapping>
    <welcome-file-list>
      <welcome-file>index.html</welcome-file>
    </welcome-file-list>
</web-app>
```

【教你一招】Tomcat 修改端口号的方法：首先打开 Tomcat 安装目录，找到“conf”目录下的“server.xml”，用记事本打开，然后查找“8080”字段，把“8080”修改成你自己要的端口号（比如“80”），最后保存退出。

知识拓展

Java 编码规则——命名约定见表 3—2。

表 3—2　　Java 编码规则——命名约定

标识符类型	命名约定	例子
包	(1) 全部小写	cn. edu. siso. ito
	(2) 标识符用点号分隔开来。为了使包的名字更易读，Sun 公司建议包名中的标识符用点号来分隔	
	(3) 包的名字用你的机构的 Internet 域名开头	
类、接口	(1) 类的名字应该使用名词	Class HELLOWORLD
	(2) 每个单词第一个字母应该大写	
	(3) 避免使用单词的缩写，除非它的缩写已经广为人知，如 HTTP	
方法	(1) 第一个单词一般是动词	getName ()
	(2) 第一个字母是小写，但是中间单词的第一个字母是大写	
	(3) 如果方法返回一个成员变量的值，方法名一般为 get+成员变量名，如果返回的值是布尔型变量，则一般以 is 作为前缀	
	(4) 如果方法修改一个成员变量的值，方法名一般为：set+成员变量名	
变量	(1) 第一个字母小写，中间单词的第一个字母大写。采用匈牙利命名法命名	String myName
	(2) 不要用“_”或“&”作为第一个字母	
	(3) 尽量使用短且具有意义的单词	
	(4) 如果变量是集合，则变量名应用复数	
常量	所有常量名均全部大写，单词间以“_”隔开	int MAX_NUM

思考练习

一、简答题

简述部署文件 WEB. xml 的作用及常用的使用方法。

二、实训题

将任务 3 中的实训题部署到 Tomcat 中并运行。

综合实训

建立数据库表，表名为 User，内有两个字段，即用户名和密码，为了简单起见，本表不设置用户 id，用户名和密码全部按照明文书写。用 Servlet 编写登录程序，如果用户名和密码正确，则跳转到欢迎页面，否则重新输入用户名和密码。

项目四

开发一个简单的 WEB 应用程序

经过前面几个项目的学习，SISO 公司积累了一定的知识和开发经验，但是前面的几个项目都只是简单地实现一些特定的小功能，现在 SISO 公司决定综合运用前面的知识来开发一个简单的 WEB 应用程序。

任务1　显示所有商品信息

淘宝网是亚洲最大的C2C购物平台，很多读者都很熟悉淘宝的购物流程，登录进去后可以浏览商品，并将商品添加到购物车中，最后付款。这一切都是在浏览器中进行的，因此我们可以开发一个WEB应用实现上述的购物网站功能。

在项目三中，我们学习了Servlet是如何接收并响应客户端请求的，但在实际的WEB应用中，我们通常还需要保持客户端的请求数据。比如在购物网站中，客户登录系统后，程序会自动派发一个购物车，客户可以把自己心仪的商品添加到购物车中，而该购物车会一直保持客户添加的商品信息，这个购物车就是我们保持客户端请求数据的一个容器。

应用场景

在项目三中，我们实现了系统的登录，按照购物网站的购物流程，在客户登录后可以进行商品的浏览，本任务中我们将模拟商品浏览的过程，当客户在浏览器中输入某个url连接时，程序将把所有的商品信息输出，同时在每条商品的后面会有选择框，客户可以将某些商品添加到购物车中，如图4—1所示。

商品一览表

查看购物车

序号	商品名称	商品描述	商品价格	添加到购物车
004	Thinking In Java	很经典的Java书籍	99.0	☐
005	HTC HD2手机	可以刷Android的GSM手机	3000.0	☐
001	IBM笔记本电脑	ThinkPad小黑	10000.0	☐
002	Sony数码相机	超薄型1000万像素	3999.0	☐
003	Intel I7 处理器	4核处理器	1800.0	☐

确定

图4—1　添加到购物车

任务分析

在本任务中，我们需要实现一个显示所有商品信息的页面，该页面是一个Servlet

程序——ShowGoodsServlet，另外我们还需要定义一个商品类（Goods），该类中有商品标识、商品名称、商品描述、商品价格等属性。在实际的项目开发中，还会有商品种类等属性，但本任务为了举例简单并没有设置，有兴趣的读者可以自行添加。

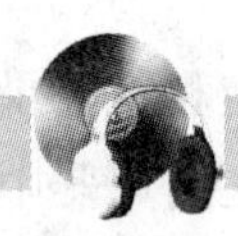

解决方案

1. WEB 应用中状态保持及存储机制
2. ServletContext

一、WEB 应用中状态保持及存储机制

1. HTTP 协议的无状态性

HTTP 协议的目的在于支持超文本的传输，更广义一些就是支持资源的传输，那么在客户端浏览器向 HTTP 服务器发送请求，接着 HTTP 服务器将对应的资源发回给客户端的过程中，无论是客户端还是服务器都没有必要记录彼此过去的行为，因为每一次请求之间都是独立的。一般来说，一个 URL 对应着唯一的超文本，而 HTTP 服务器也绝对公正公平，不管客户端是谁，它都会根据接收到的 URL 请求返回相同的超文本。正是因为这样的唯一性，使得记录用户的行为状态变得毫无意义，所以 HTTP 协议被设计为无状态的连接协议符合它本身的需求。

然而随着业务需求的不断改进，大家发现动态生成的内容才会令 WEB 应用程序变得更加有用。于是 HTML 的语法也在不断膨胀，比如说增加了表单来实现客户端与服务器的动态交互。在这种动态交互的 WEB 应用程序出现之后，HTTP 无状态的特性严重阻碍了这些应用程序的实现，毕竟交互是需要一个承前启后的环境的，比如说在购物网站的购物车中，它需要"记住"用户到底在之前选择了什么商品。

2. WEB 应用中状态保持及存储机制的作用及种类

如前所述，在绝大多数的 WEB 应用中，服务器需要保持客户端的信息，维持客户端的会话，但是由于 HTTP 协议的无状态性，服务器将如何"记住"特定的客户端信息，即服务器如何区分不同的客户端？此外，由于一个 WEB 应用中有不同的 WEB 组件，因此服务器端"记住"的这些信息又是如何在这些组件中进行信息的"共享"呢？

这里提出了两个问题：一个是状态（即客户端信息）如何保持？另一个是状态如何存储以保证不同的组件可以共享这些信息？

首先解决第一个问题即客户端状态的保持，在 WEB 应用中，我们可以通过两个技术来维持状态信息：

（1）Cookie 技术是通过客户端保持状态的解决方案。

（2）Session 技术与 Cookie 技术相反，它是通过服务器端来保持状态的。

让我们用一个生活中的例子来描述一下Cookie技术和Session技术之间的区别与联系。某家奶茶店做促销，推出一个买10杯奶茶免费赠1杯奶茶的优惠，然而一次性购买10杯奶茶的机会微乎其微，这时就需要通过某种方式来记录某位顾客的累计消费数量。想象一下其实也不外乎以下几种方案：

（1）该店的店员记忆力很强，能记住每位顾客的消费数量，只要顾客一走进奶茶店，店员就知道该如何对待。这种做法就类似于HTTP协议本身的支持状态。（但是要牢记一点：HTTP协议是无状态的协议。）

（2）发给顾客一张卡片，上面记录着消费数量，一般还有有效期。当顾客每次消费时就会出示这张卡片，而后店员会盖戳，这样，这次消费就会与以前或以后的消费联系起来。这种做法就是类似于Cookie技术在客户端保持状态。

（3）发给顾客一张会员卡，除了卡号之外什么信息也不记录。顾客每次消费时，如果出示该卡片，则店员在店里的记录本上找到这个卡号对应的记录，然后添加一些消费信息。这种做法就类似于Session技术在服务器端保持状态。

引入了Cookie技术和Session技术，可以解决如何分辨客户信息的问题，接下来的问题是对于客户的信息该保存在哪里以保证不同的组件可以共享。在Servlet规范中，我们可以用不同的对象来在不同的WEB组件中传递数据信息：

（1）HttpServletRequest对象可以在一个请求的处理过程中，在不同的WEB组件之间传递信息；

（2）HttpSession对象可以在会话范围内，在不同的WEB组件之间传递信息；

（3）ServletContext对象可以用来存储整个WEB应用的相关信息，对于全局共享的数据可以存放其中。

二、ServletContext

在一个WEB服务器中可能会存在多个WEB应用，每个WEB应用程序都与一个上下文环境（Context）关联，比如WEB应用相对于WEB服务器的路径（Context-Root）等，并且不同的WEB应用之间是彼此独立的。Servlet容器在启动时会加载WEB应用，并为每个WEB应用创建唯一的ServletContext对象，可以把ServletContext看成是一个WEB应用的服务器端组件的共享内存，在ServletContext中可以存放共享数据。

可以通过多种方式获得ServletContext对象，如从Servlet对象的getServletContext（）方法获取：

```
public void doGet(HttpServletRequest request, HttpServletResponse response)throws Servlet
Exception, IOException {
      ServletContext sc = this.getServletContext();
      }
```

1. ServletContext 使用

ServletContext 对象的一个作用我们在项目三任务 4 中的“WEB 应用程序部署”部分已经介绍过。再来简单介绍下，我们可以在 WEB. xml 中定义<context-param>元素，该元素有两个子元素：<param-name>子元素设定参数名称，<param-value>子元素设定参数的值。当 WEB 服务器启动时，容器会将<context-param>里面的参数名称和参数值自动转化为“键—值”对，交给 ServletContext，并通过 ServletContext 对象的 getInitParameter 方法获得某个参数的值。具体使用方法与 ServletConfig 对象类似，请参见项目三任务 2 的知识拓展 ServletConfig 部分。

在这里，我们主要讨论一下 ServletContext 对象的第二种使用方式，即提供给不同的 WEB 组件共享数据，主要有以下 3 种方法：

（1）public void setAttribute（String name，Object attr）：在 ServletContext 中存放一个对象信息，该对象存储的关键字是 name，对象信息是 attr。如果该关键字已存在，则会覆盖原先的值。

（2）public Object getAttribute（String name）：和上述的方法相反，是从 Servlet-Context 中根据关键字取出某个对象。

（3）public void removeAttribute（String name）：在 ServletContext 中删除某个关键字对应的对象。

存放在 ServletContext 中的数据对整个 WEB 应用程序都是可见的。

2. 利用 ServletContext 来显示所有商品信息

在本任务的“任务分析”中，我们定义了两个类，一个是继承了 HttpServlet 的 ShowGoodsServlet，另一个是普通 Java 类 Goods，它代表的是商品类。为了简单起见，我们没有从数据库中得到商品信息，而是虚拟了一些商品类对象，并将这些商品类对象都存放到 ServletContext 中，供整个 WEB 应用使用。

```
package cn. edu. siso. book. proj4. task1. exec1;

import java. io. Serializable;

public class Goods implements Serializable{
    private String id; //商品标识
    private String name; //商品名称
    private String desc; //商品描述
    private double price; //商品价格

    public Goods(String id, String name, String desc, double price) {
        this. id = id;
        this. name = name;
        this. desc = desc;
```

```
        this.price = price;
    }
    //所有属性的 get 和 set 方法
    public String getId() {
        return id;
    }
    public void setId(String id) {
        this.id = id;
    }
    public String getName() {
        return name;
    }
    public void setName(String name) {
        this.name = name;
    }
    public String getDesc() {
        return desc;
    }
    public void setDesc(String desc) {
        this.desc = desc;
    }
    public double getPrice() {
        return price;
    }
    public void setPrice(double price) {
        this.price = price;
    }
}
```

Goods 类实现了 Serializable 可序列化接口，因为只有实现了该接口的对象状态才可以进行恢复与保存。

```
package cn.edu.siso.book.proj4.task1.exec1;

import java.io.*;
import java.util.*;
import javax.servlet.*;
import javax.servlet.http.*;

public class ShowGoodsServlet extends HttpServlet {
    Map<String,Goods> allGoods;
    public void init() throws ServletException {
        allGoods = new HashMap();
        Goods g1 = new Goods("001","IBM笔记本电脑","ThinkPad小黑",10000);
```

```
        Goods g2 = new Goods("002","Sony 数码相机","超薄型 1000 万像素",3999);
        Goods g3 = new Goods("003","Intel I7 处理器","4 核处理器",1800);
        Goods g4 = new Goods("004","Thinking In Java","很经典的 Java 书籍",99);
        Goods g5 = new Goods("005","HTC HD2 手机","可以刷 Android 的 GSM 手机",3000);
        allGoods.put("001", g1);
        allGoods.put("002", g2);
        allGoods.put("003", g3);
        allGoods.put("004", g4);
        allGoods.put("005", g5);
        ServletContext sc = this.getServletContext();
        sc.setAttribute("allGoods", allGoods);
    }
    public void doGet(HttpServletRequest request, HttpServletResponse response)

            throws ServletException, IOException {
        response.setContentType("text/html;charset = gbk");
        PrintWriter out = response.getWriter();
        out.println("<html>");
        out.println("<head><title>显示所有商品信息 ShowGoodsServlet</title></head
>");
        out.println("<body><h1>商品一览表</h1>");
        out.println("<a href = showCart>查看购物车</a>");
        out.println("<form action = shopping method = post>");
        out.println("<input type = hidden name = action value = add />");
        out.println("<table border = 1><tr><td>序号</td><td>商品名称</td>");
        out.println("<td>商品描述</td><td>商品价格</td><td>添加到购物车</td>
</tr>");

        for(Map.Entry<String, Goods> goods : allGoods.entrySet()){
            out.println("<tr>");
            out.println("<td>" + goods.getValue().getId() + "</td>");
            out.println("<td>" + goods.getValue().getName() + "</td>");
            out.println("<td>" + goods.getValue().getDesc() + "</td>");
            out.println("<td>" + goods.getValue().getPrice() + "</td>");
            out.println("<td><input type = checkbox name = goodsId value = " +  goods.getValue
().getId() +  "></td>");
            out.println("</tr>");
        }
        out.println("</table><br><input type = submit value = 确定 />");
        out.println("</form></body></html>");
        out.flush();
        out.close();
```

```
    }

    public void doPost(HttpServletRequest request, HttpServletResponse response)
            throws ServletException, IOException {
        doGet(request, response);
    }
}
```

对于 ShowGoodsServlet 中的 init 方法，为了简单起见，我们虚拟了一些商品对象，并将这些商品对象存储在一个 HashMap 对象中，其关键字为商品的标识符，这样方便以后根据标识符取出商品对象。在 doGet 方法中，在客户端显示所有商品信息，并输出一个复选框，其值对应商品的标识符，如果用户选择所需要的商品，提交到表单对应的 Action，此例中为 shopping，就可以从 Servlet 中获取用户选择的商品 id 在 GoShoppingServlet 中处理。本 Servlet 的显示效果如前述图 4—1 所示。

【教你一招】关于 Java Serializable 可序列化接口，序列化简单地说就是提供了这样一种机制，它允许你保存某个实现 Serializable 接口对象的状态，然后通过反序列化将对象状态再读出来。

知识拓展

Serializable 接口在 WEB 编程中被大量使用，因为只有某个对象实现了该接口，才可以在网络上传送对象。

基本序列化是由两种方法产生的，一种方法用于序列化对象并将它们写到一个流，另一种方法用于读取流反序列化对象：

ObjectOutputStream. writeObject（）；//serialize and write

ObjectInputStream. readObject（）；//read and deserialize

ObjectOutputStream 类和 ObjectInputStream 类都在 java. io 包中定义。

下面是一个序列化的例子，首先创建一个 Box 对象，它的高度是 30，宽度是 50，接下来利用 ObjectOutputStream 将该 Box 对象保存在文件 foo. ser 中。

```
import java.io.*;
public class Box implements Serializable
{
    private int width;
    private int height;
```

```
        public void setWidth(int width){
            this.width = width;
        }
        public void setHeight(int height){
            this.height = height;
        }

        public static void main(String[] args){
            Box myBox = new Box();
            myBox.setWidth(50);
            myBox.setHeight(30);

            try{
                FileOutputStream fs = new FileOutputStream("foo.ser");
                ObjectOutputStream os = new ObjectOutputStream(fs);
                os.writeObject(myBox);
                os.close();
            }catch(Exception ex){
                ex.printStackTrace();
            }
        }
    }
```

一般来说，开发者只要将某个类实现 Serializable 接口即可，序列化和反序列化过程都是由容器来实现的。

思考练习

一、简答题

1. 简述 WEB 应用中状态保持及存储机制的种类。

2. 简述 ServletContext 的作用。

二、实训题

创建一个普通 Java 类 Book，一个 ShowBooksServlet，显示所有书的信息。

任务 2　添加商品到购物车

回顾一下，购物网站的基本流程如下：用户登录，商品展示，选择商品到购物车，购物车中商品付费，用户离开。在上个任务中，我们实现了商品展示，接下来我们将实现购物车功能。

应用场景

当我们去超市购物时，我们会将想买的商品放入购物车或购物篮中，同时可以从该购物车或购物篮中将商品拿出。在设计电子购物网站中，购物车也是一个必不可少的部分。

任务分析

在程序中，我们在上个任务中已经将所有的模拟商品都展示出来了，接下来我们将把若干商品添加到购物车中。

解决方案

1. Cookie
2. HttpSession

通过前面的学习，我们了解了HTTP协议是一种无状态协议，也就是说，它没有提供保持请求之间的数据机制，也就不可能跟踪用户在不同请求之间的行为。而在绝大多数的WEB应用中，服务器需要保持客户端的信息，维持客户端的会话。要实现这样的功能，我们可以通过两个技术来维持状态信息：Cookie技术和Session技术。

一、Cookie

1. 通过Cookie来保持状态

Cookie是通过客户端保持状态的解决方案。从定义上来说，Cookie是WEB服务器发送到客户端浏览器的特殊信息，而这些信息以文本文件的形式存放在客户端。当浏览器发送一个请求到服务器时，都会带上这些特殊的信息。服务器在接收到来自客户端浏览器的请求之后，就能够通过Cookie得到客户端特有的信息，从而动态生成与该客户端相对应的内容。比如，我们可以从很多网站的登录界面中看到“请记住我”这样的选项，当你勾选了该功能之后再登录，那么在下一次访问该网站的时候就不必输入用户名和密码，而这个功能就是通过Cookie实现的。

2. Cookie的使用

Java Servlet API中包含了一个javax. servlet. http. Cookie类，该类中定义了若干方法，通过这些方法，我们可以实现Cookie的创建、销毁及使用。

当用户第一次访问网站时（相当于用户电脑中不存在 Cookie），用户提供一些个人信息并提交；然后服务器创建 Cookie 对象，并在向客户端返回时将 Cookie 存放于 HTTP 响应头（Response Header）返回；最后当客户端浏览器接收到来自服务器的响应之后，浏览器会将这些信息保存到一个文件中，该文件就是一个 Cookie。对于 Windows XP 操作系统而言，我们可以从"[系统盘]：\ Documents and Settings \ [用户名] \ Cookies"目录中找到存储的 Cookie。在这个过程中，服务器做了两个工作，一个是创建 Cookie 对象，另一个是将 Cookie 对象添加到 HTTP 响应头中。

（1）public Cookie（String name，String value）：Cookie 类的构造方法，可以创建一个 Cookie 对象。使用该方法时，必须给定此 Cookie 的名字以及对应的值。当 Cookie 创建之后，可以通过 setValue（String newValue）方法修改值，但是名字不可以修改。

（2）void addCookie（Cookie cookie）：HttpServletResponse 对象的 addCookie 方法将 Cookie 插入 HTTP 响应头中。当客户端中存在了 Cookie 之后，再向服务器发送请求的时候，都会把相应的 Cookie 再次发回至服务器。而这次，Cookie 信息则存放在 HTTP 请求头（Request Header）中了。此时服务器会通过 HttpServletRequest 对象的 getCookies（）方法返回 Cookie 对象的数组。可以对这个 Cookie 数组进行遍历，并调用每个 Cookie 对象的 getName（）方法，获取所需要的 Cookie 对象，然后调用该 Cookie 对象的 getValue（）方法获得值：

```
Cookie[ ] getCookies()
HttpServletRequest 对象的方法,获得请求中所有的 Cookie
public String getName()
Cookie 类的方法,返回 Cookie 的名称
public String getValue()
Cookie 类的方法,返回 Cookie 的值
```

另外，Cookie 往往是有时间限制的，可以通过 setMaxAge（int）方法来设置 Cookie 的生存时间，它是告诉浏览器应该保留此 Cookie 多长时间：

```
public void setMaxAge(int expiry)
```

Cookie 类的方法，参数单位为秒。如果想让该 Cookie 保留 1 小时，那么参数值为3 600；如果该参数值为 0，则代表将存在客户端的 Cookie 删除；如果该参数值为负数，则代表此 Cookie 只在此会话期间存在，当用户关闭浏览器后该 Cookie 将消失。

3. Cookie 举例

如果客户端第一次访问某 Cookie 站点，或者两次访问之间的时间间隔超过了 10 秒，就将看到如图 4—2 所示的输出结果。

Cookie 站点
欢迎来到 Cookie 站点！ 您至少已经 10 秒钟没有光临本站点了！

图 4—2　Cookie 输出结果

如果客户端在 Cookie 的生命周期结束之前连续访问该站点，则 Cookie 的值将不断增加。如图 4—3 所示的就是在 10 秒钟内连续访问两次 Servlet 时的输出结果。

Cookie 站点
欢迎来到 Cookie 站点！ 这是您在近 10 秒钟内第 2 次光临本站点！

图 4—3　连续访问两次 Servlet 时的输出结果

```
public class CookieCounter extends HttpServlet {

    public void doGet(HttpServletRequest request, HttpServletResponse response)
          throws ServletException, IOException {
        //cookie 存在标志
        boolean cookieFound = false;
        Cookie thisCookie = null;
        response.setContentType("text/html;charset = gb2312;");
        PrintWriter out = response.getWriter();
        //从 request 中获取 cookie 数组
        Cookie[] cookies = request.getCookies();
        if (cookies != null) {
          for (int i = 0; i < cookies.length; i++) {
            thisCookie = cookies[i];
            //如果存在名字叫 CookieCount 的 cookie,则将标志设为 true
            if (thisCookie.getName().equals("CookieCount")) {
              cookieFound = true;
              break;
            }
          }
    }
    //如果 cookie 不存在,则创建 cookie
    if (cookieFound == false) {
        //Cookie 的名字为 CookieCount,值为 1
        thisCookie = new Cookie("CookieCount", "1");
        //Cookie 的生存周期为 10 秒
        thisCookie.setMaxAge(10);
        //返回 cookie,并保存在客户端
        response.addCookie(thisCookie);
    }
```

```
        //打印出网站内容
        out.println("<html><head><title>本 Cookie 站点</title></head>"
                + "<body><p><font color = red>"
                + "<center><h3>Cookie 站点</h3></center></font>");
        out.println("<p>欢迎来到 Cookie 站点!</p>");

        //如果 Cookie 存在
        if (cookieFound) {
            //把 Cookie 的内容读出
            int cookieCount = Integer.parseInt(thisCookie.getValue());
            //内容+1
            cookieCount++;
            //把改变后的内容写入 Cookie 中
            thisCookie.setValue(String.valueOf(cookieCount));
            //生命周期赋 10 秒
            thisCookie.setMaxAge(10);
            //重新返回到客户端
            response.addCookie(thisCookie);
            //根据 Cookie 的内容判断出是第几次访问本站点
            out.println("<p>这是您在近" + 10
                    * (Integer.parseInt((thisCookie.getValue())) - 1) + "秒钟内第 "
                    + thisCookie.getValue() + " 次光临本站点!</p>");
        } else {
            out.println("<p>您至少已经 10 秒钟没有光临本站点了!</p>");
        }
        out.println("</body></html>");
        out.flush();
        out.close();
    }

    public void doPost(HttpServletRequest request, HttpServletResponse response)
            throws ServletException, IOException {

        doGet(request, response);
    }
}
```

在 doGet () 方法中，用 getCookies () 函数获得客户端的 Cookie，查找是否有名为“CookieCount”的 Cookie，如果不存在就生成一个 Cookie，名称为“CookieCount”，值为“1” (thisCookie=new Cookie (“CookieCount”, “1”))，并指定该 Cookie 的最长寿命为 10 秒钟 (setMaxAge (10))，然后将该 Cookie 发送给客户端 (addCookie ())。如果 Cookie 已经存在，就将 Cookie 的值加 1 之后再发送给客户端。

二、HttpSession

1. 通过 Session 来保持状态

与 Cookie 相对的一个解决方案是 Session，它是通过服务器来保持状态的。由于 Session 这个词语的含义很多，因此需要在这里明确一下。

首先，我们通常都会把 Session 翻译成会话，因此我们可以把客户端浏览器与服务器之间一系列交互的动作称为一个 Session。这个过程可以是连续的，也可以是时断时续的。在这里我们会提到会话持续的时间，会提到在会话过程中进行了什么操作等。开启浏览器，该次会话开始；关闭浏览器，该次会话结束。

其次，一个 Session 指的是服务器端为客户端所开辟的存储空间，在其中保存的信息就是用于保持状态。在这里我们则会提到往 Session 中存放什么内容，如何根据键值从 Session 中获取匹配的内容等。

在 Servlet 中，会话指的是 javax. servlet. http. HttpSession 对象，该对象是存储在服务器内存中的，不同的客户端在服务器端创建的 HttpSession 对象是不同的，因此，可以利用 Session 来保持状态。

2. Session 请求过程

当客户端第一次请求 Session 对象的时候，服务器会为客户端创建一个 Session，并通过特殊算法算出一个 Session 的 id，用来标识该 Session 对象，同时把该 Session id 返回到客户端，并以 Cookie 的形式存储到客户端，而该 Cookie 的有效期为－1，这意味着在浏览器关闭之前的时间段内该 Cookie 有效，而一旦浏览器关闭，该 Cookie 失效，Session id 和它所对应的 Session 对象将不再关联。对于失去关联的 Session 对象将会被服务器端的 Java 虚拟机垃圾回收机制回收。这个过程如图 4—4 所示。

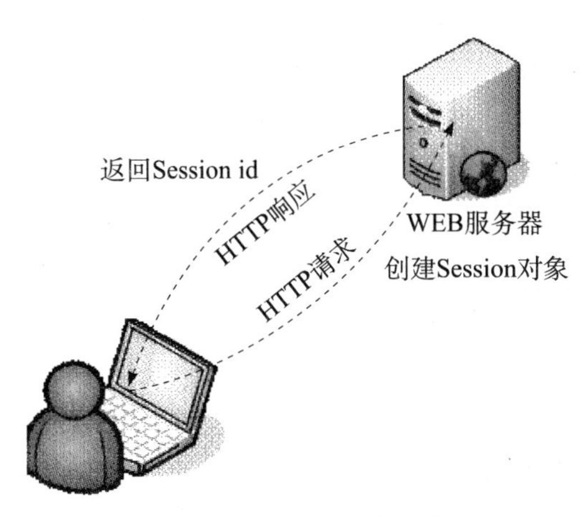

图 4—4 Session 对象回收

当客户端再次发送请求的时候（Session 继续有效时），浏览器会偷偷地将 Session id 放置到请求头中，服务器接收到请求之后就会依据 Session id 找到相应的 Session，从而再次使用。一个会话只能有一个 Session 对象，对 Session 来说是只识别 id。通过这样一个过程，用户的状态也就得以保持了。这个过程如图 4—5 所示。

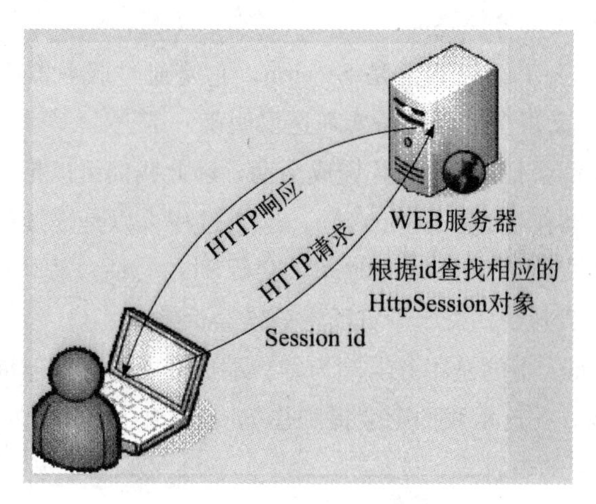

图 4—5 Session 对象响应

3. HttpSession 的使用

本任务的目的是要创建一个购物车，并且能把商品添加到购物车中。购物车对象中可以存放很多商品对象，因此我们可以用 List 对象来存放商品。另外还需要定义一些业务方法，如添加商品到购物车、从购物车中删除商品、计算购物车中商品的价格、返回购物车中所有商品的信息等。该类代码如下所示：

```
package cn.edu.siso.book.proj4.task2.exec2;

import java.util.ArrayList;
import java.util.List;

import cn.edu.siso.book.proj4.task1.exec1.Goods;

public class Cart {
    //List 对象存放商品
    private List<Goods> cart = null;

    /**
     * 业务方法,添加商品到购物车
     * 如果购物车中存在该商品,则不添加
     * @param goods Goods 购买的商品
     */
    public void addGoods2Cart(Goods goods){
        if(cart == null){
          cart = new ArrayList<Goods>();
        }
```

```
        for(Goods item : cart){
            if(item.getId().equals(goods.getId())){
              return;
            }
        }
        cart.add(goods);
    }

    /**
    * 业务方法,从购物车中删除一商品
    * @param goodsId String 商品 id
    */
    public void removeGoodsFromCart(String goodsId){
        if(cart == null){
          return;
        }
        for(Goods item : cart){
          if(item.getId().equals(goodsId)){
            cart.remove(item);
            return;
          }
      }
    }

    /**
    * 计算购物车中的商品价格
    * @return double 商品价格总数
    */
    public double getAllGoodsPrice(){

        double totalPrice = 0;
        if(cart == null) return totalPrice;
        for(Goods item : cart){
            totalPrice += item.getPrice();
        }
        return totalPrice;
    }

    /**
    * 返回购物车中所有商品信息
    * @return List
    */
    public List<Goods> getAllGoodsFromCart(){
```

```
        return cart;
    }
}
```

接下来我们要思考购物车对象如何存放。就好比我们在超市购物时，把购买的商品放入自己的购物车中，而 HTTP 协议是无状态协议，如何知道要把某个商品放到哪个特定的购物车对象中呢？前面说了 HttpSession，它是服务器端为客户端所开辟的存储空间，在其中保存的信息就是用于保持状态，因此我们可以把购物车对象存放在 Session 中。每次使用购物车对象前需要把购物车对象从 Session 中取出，用完之后再把购物车对象保存回 Session 中。在这个过程中，我们需要用到以下 3 个功能：创建 Session 对象，从 Session 中保存和取出对象，把某个对象放回至 Session 中。

下面详细介绍前两个功能的相关内容。

（1）创建 Session 对象。

Servlet API 规范定义了一个简单的 HttpSession 接口，HttpSession 对象由服务器创建，可以通过 HttpServletRequest 对象的 getSession（）方法获得：

```
HttpSession getSession()
```

该方法可以返回当前客户端所关联的 HttpSession 对象，如果当前客户端是第一次请求或者还没有关联到对应的 HttpSession，那么返回一个新的 HttpSession 对象。

（2）从 Session 中保存和取出对象。

HttpSession 接口提供了存储和提取标准属性的方法。标准属性都以“键—值”对的形式保存在服务器端。也就是说，HttpSession 接口提供了一种把对象保存到内存、在同一用户的后继请求中从内存中提取这些对象的机制。

在会话中保存数据的方法是：public void setAttribute（String name，Object value）。其中，name 表示存储的关键字，value 表示属性，即要存储的对象。

从会话中提取原来所保存对象的方法是：public Object getAttribute（String name）。

接下来我们实现把商品添加到购物车的功能，在这里定义了一个 GoShoppingServlet，它负责管理用户的购物车，包括添加商品到购物车、把某商品从购物车中删除。由于该 Servlet 需要处理添加及删除两种操作，因此需要在提交过来的请求中增加一个 action 参数，如果 action 的属性为 add，代表的是添加操作，如果 action 的属性为 remove，代表的是删除操作。在本项目任务 1 完成的 ShowGoodsServlet 中，有一个隐藏字段 action，代码如下：

```
out.println("<input type = hidden name = action value = add />")
```

当它提交到 GoShoppingServlet 处理时，可以通过 request 对象的 getParameter 方法获得 action 的值，然后根据不同的值做不同的处理。代码如下：

```
package cn.edu.siso.book.proj4.task2.exec2;

import java.io.*;
import java.util.*;
import javax.servlet.*;
import javax.servlet.http.*;
import cn.edu.siso.book.proj4.task1.exec1.Goods;

public class GoShoppingServlet extends HttpServlet {

    public void doGet(HttpServletRequest request, HttpServletResponse response)
            throws ServletException, IOException {

        response.setContentType("text/html;charset = gb2312");
        //获得 ServletContext 对象
        ServletContext context = this.getServletContext();
        //获得 Session 对象
        HttpSession session = request.getSession();
        //从 Session 中获得购物车对象
        Cart cart = (Cart)session.getAttribute("cart");
        //获得购物车的操作
        String action = request.getParameter("action");
        //从购物车中删除商品
        if("remove".equals(action)){
            //获得购物车中要删除商品的 id
            String removeId = request.getParameter("removeId");
            //根据商品 id 从购物车中删除商品
            cart.removeGoodsFromCart(removeId);
        }
        //把商品添加到购物车中
        else if("add".equals(action)){
            //哪些商品要被添加到购物车中
            //从 ShowGoodsServlet 的复选框中获得 input type = checkbox name = goodsId
            String[] goodsIds = request.getParameterValues("goodsId");
            //获得所有的商品,对应 ShowGoodsServlet 中 init()的 sc.setAttribute("allGoods",
allGoods);
            Map allGoods = (Map)context.getAttribute("allGoods");
        //如果 Session 中不存在购物车对象
        if(cart = = null){
            //创建一个新的购物车对象
            cart = new Cart();
            //把购物车对象放入 Session 中
            session.setAttribute("cart", cart);
```

```
            }
            //如果没有商品被选中
            if(goodsIds == null){
                goodsIds = new String[0];
            }
            //把商品加入到购物车中
            for(String goodsId : goodsIds){
                Goods goods = (Goods)allGoods.get(goodsId);
                cart.addGoods2Cart(goods);
            }
        }
        //查看购物车内商品
        RequestDispatcher rd = request.getRequestDispatcher("/showCart");
        rd.forward(request, response);
    }

    public void doPost(HttpServletRequest request, HttpServletResponse response)
            throws ServletException, IOException {

        doGet(request,response);
    }
}
```

要注意的是，每次在操作购物车时都需要先从 Session 中取出购物车，在操作完购物车对象后，再把购物车对象放回到 Session 中。当用户首次操作购物车时，它是不存在的，因此需要为用户创建一个购物车对象，代码为"cart＝new Cart ()"，并将购物车对象放到 Session 中与用户关联。

【教你一招】可以通过 Cookie 对象的 setMaxAge 方法来设置 Cookie 的生命周期，如果建立一个无生命周期的 Cookie，那意味着浏览器一关闭，该 Cookie 即消失。

知识拓展

服务器对客户端的 Session id 是以 Cookie 的形式存放在客户端的，但是如果客户端浏览器不支持 Cookie 或禁用 Cookie，那么服务器端和客户端又是如何传递 Session id 呢？

Servlet 中提出了跟踪 Session 的另一种机制：如果客户端浏览器不支持 Cookie，Servlet 容器可以重写客户请求的 url，把 Session id 添加到 url 信息中。这就是 url 重写技术，用以跟踪会话。

url重写功能是HttpServletResponse类的encodeURL及encodeRedirectURL方法提供的。

（1）public String encodeURL（String url）：

该方法先判断当前的WEB组件是否启用Session，如果没有启用Session，直接返回参数url。再判断客户端浏览器是否支持Cookie，如果支持Cookie，直接返回参数url；如果不支持Cookie，就在参数url中加入Session id信息，然后返回修改后的url。如下述例子：

```
String originalURL = "originalURL";
//未重写的url链接,如果客户端浏览器禁止Cookie,则无法跟踪会话
//因此不推荐使用这种方式
out.println("<a href = " + originalURL + ">初始链接,不推荐使用</a>");

String encodedURL = response.encodeURL(originalURL);
//会在必要时添加session id到url上,可以跟踪会话
//推荐使用这种方式
out.println("<a href = " + encodedURL + ">重写后的链接,推荐使用</a>");
```

（2）public String encodeRedirectURL（String url）：

该方法一般在重定向之前使用，如下述例子：

```
String originalURL = "originalURL";
//未重写的url链接,如果客户端浏览器禁止Cookie,则无法跟踪会话
//因此不推荐使用这种方式
response.sendRedirect(originalURL);

String encodedURL = response.encodeRedirectURL(originalURL);
//会在必要时添加Session id到url上,可以跟踪会话
//推荐使用这种方式
response.sendRedirect(encodedURL);
```

因此在本项目任务1中的ShowGoodsServlet中，我们在查看购物车的链接里需要进行url重写，代码如下：

```
//未实现url重写,该语句注释
//out.println("<a href = showCart>查看购物车</a>");
//使用url重写
out.println("<a href = " + response.encodeURL("showCart") + ">查看购物车</a>");
```

思考练习

一、简答题

1. 简述客户端是如何通过 Cookie 来保持状态的。

2. 简述 Session 请求过程。

二、实训题

利用 Session 的存储机制，将登录程序中的用户名存储到 Session 中。

任务 3　显示购物车中的商品

用户把商品添加到购物车后，需要对购物车中的商品进行确认，此时需要把购物车中的商品显示出来，另外，有时顾客可能对购物车中的商品不满意，因此还需要提供一个功能，通过这个功能可以将购物车中的商品删除。

应用场景

在网站购物中，可以对整个购物车中的商品进行统一结账。因此购物车中的商品显示是一个必不可少的部分。

任务分析

在程序中，我们将把添加到购物车中的所有商品都显示出来，同时在每个商品后面都提供一个删除功能，可以将该商品从购物车中删除。

解决方案

1. ShowCartServlet

2. HttpServletRequest

3. 几种对象存储机制比较

一、ShowCartServlet

查看购物中的商品，首先需要从 Session 中取出购物车对象，如果购物车对象或者商品不存在，则显示如图 4—6 所示。

你没有购买任何商品

返回商品展示页

图 4—6　购物车对象

如果购物车对象或者商品存在，则显示商品名称、商品描述、商品价格，另外在每个商品之后还有一个删除操作，如图 4—7 所示。

你目前购买的商品

商品名称	商品描述	商品价格	操作
IBM笔记本电脑	ThinkPad小黑	10000.0	删除
Sony数码相机	超薄型1000万像素	3999.0	删除
Intel I7 处理器	4核处理器	1800.0	删除

购物车商品总价格为：15799.0

图 4—7　购物车列表

程序代码如下：

```
package cn.edu.siso.book.proj4.task3.exec1;

import java.io.*;
import java.util.*;
import javax.servlet.*;
import javax.servlet.http.*;
import cn.edu.siso.book.proj4.task1.exec1.Goods;
import cn.edu.siso.book.proj4.task2.exec2.Cart;

public class ShowCartServlet extends HttpServlet {

    public void doGet(HttpServletRequest request, HttpServletResponse response)
            throws ServletException, IOException {

        response.setContentType("text/html;charset = gb2312");
        PrintWriter out = response.getWriter();
        HttpSession session = request.getSession();
        Cart cart = (Cart)session.getAttribute("cart");
        List<Goods> goods = null;
```

```
        //当购物车为空,或者购物车中的商品为空时
        if((cart = = null) || ((goods = cart.getAllGoodsFromCart()) = = null)){
            out.println("<HTML><body><p><h1>你没有购买任何商品</h1></p>" +
                "<p><a href = showGoods>返回商品展示页</a></p>" +
                "</body></HTML>");
        }
        //否则将商品打印出来
        else{
          out.println("<HTML><body><p><h1>你目前购买的商品</h1></p>");
          out.println("<table border = 1><tr><td>商品名称</td>" +
                "<td>商品描述</td><td>商品价格</td><td>操作</td></tr>");
            for(Goods item : goods){
              out.println("<tr><td>" + item.getName() + "</td>");
              out.println("<td>" + item.getDesc() + "</td>");
              out.println("<td>" + item.getPrice() + "</td>");
              out.println("<td>" + "<a href = shopping? action = remove&removeId = " + i-
tem.getId() + ">删除</a>" + "</td>");
        }
        out.println("</table><p>购物车商品总价格为:" + cart.getAllGoodsPrice() + "</p
></body></HTML>");

    }

        out.flush();
        out.close();
    }

    public void doPost(HttpServletRequest request, HttpServletResponse response)
            throws ServletException, IOException {

      doGet(request,response);
    }
}
```

删除操作将 action 属性和 removeId 属性传递给 GoShoppingServlet，此时 action 属性的值为 remove，removeId 属性的值为商品 id，GoShoppingServlet 会把购物车中的该商品删除后，再转发给 ShowCartServlet 显示。

二、HttpServletRequest

1. 存储 WEB 应用对象

在项目三中，我们知道 HttpServletRequest 对象是由服务器创建的，并传递给 Servlet，其内封装了客户端提交的数据。该对象的另一个重要作用和 Session 及 ServletContext 一样，还可以存储数据。

保存数据的方法是：public void setAttribute（String name，Object value）。其中，name 表示存储的关键字；value 表示属性，即要存储的对象。

提取原来所保存对象的方法是：public Object getAttribute（String name）。

在使用 HttpServletRequest 对象存储数据时，不同的 WEB 组件间必须接收同一个 request 请求，否则将不能共享存储的信息。

2. HttpServletRequest 对象的应用

创建三个 Servlet 程序，其中 SenderRequestServlet 中将 msg 的值"保存在 request 中的 send 消息"保存到 request 中。根据请求参数 type 的不同，如果 type 为 forward 则转发到 GetRequestForwardServlet 中进行处理，如果 type 为 redirect 则重定向到 GetRequestRedirectServlet 中进行处理。GetRequestForwardServlet 和 GetRequestRedirectServlet 都将 msg 从 request 中取出并打印。

（1）SenderRequestServlet 代码如下：

```
package cn.edu.siso.book.proj4.task3.exec2;

import java.io.*;
import javax.servlet.*;
import javax.servlet.http.*;

public class SendRequestServlet extends HttpServlet {

    public void doGet(HttpServletRequest request, HttpServletResponse response)
          throws ServletException, IOException {
        request.setAttribute("msg", "保存在 request 中的 send 消息");
        String type = request.getParameter("type");
        if("forward".equals(type))
          request.getRequestDispatcher("/forward").forward(request, response);
        else if("redirect".equals(type))
        response.sendRedirect("redirect");
    }
}
```

（2）GetRequestForwardServlet 代码如下：

```
public class GetRequestForwardServlet extends HttpServlet {
    public void doGet(HttpServletRequest request, HttpServletResponse response)
          throws ServletException, IOException {
        response.setContentType("text/html;charset = gb2312");
        PrintWriter out = response.getWriter();
        String msg = (String)request.getAttribute("msg");
    out.println("<HTML><title>GetRequestForwardServlet</title><BODY>" + msg + "</
BODY></HTML>");
```

```
            out.flush();
            out.close();
        }
    }
```

（3）GetRequestRedirectServlet 代码如下：

```
public class GetRequestRedirectServlet extends HttpServlet {

    public void doGet(HttpServletRequest request, HttpServletResponse response)
            throws ServletException, IOException {
        response.setContentType("text/html;charset = gb2312");
        PrintWriter out = response.getWriter();
        String msg = (String)request.getAttribute("msg");
        if(msg = = null)
          msg = "无法从 request 中获取数据";
    out.println("<HTML><title>GetRequestRedirectServlet</title><BODY>" + msg + "</
BODY></HTML>");
        out.flush();
        out.close();
    }
}
```

当执行 send? type＝forward 时，GetRequestForwardServlet 中可以读取存储在 request中的 msg 信息，如图 4—8 所示。

图 4—8　信息读取提示

当执行 send? type＝redirect 时，GetRequestRedirectServlet 中无法读取存储在 request中的 msg 信息，如图 4—9 所示。

图 4—9　无法获取数据提示

这是因为通过重定向到的WEB资源与前一资源不共享同一个request对象，所以无法获得存储在前一资源request对象中的数据。

三、几种对象存储机制比较

HttpServletRequest、HttpSession、ServletContext三种对象都可以用来存储对象，但三者之间有什么区别呢？我们往往会提到“作用域”这个概念，所谓作用域，就是信息共享的范围，也就是说一个信息能够在多大的范围内有效。

在Servlet中，作用域分为三种，分别为：请求作用域、会话作用域、上下文作用域。

（1）请求作用域：用于将属性存储到请求作用域中的对象为HttpServletRequest。绑定到请求作用域上的属性仅仅在同一个请求中可用。一旦请求完成，所有绑定到该请求作用域上的属性都会被清空。所以对于该作用域中的属性，不能在不同的请求间共享。因此，当你确信该属性不会由其他Servlet或同一Servlet的不同请求使用时，可以使用该作用域。

（2）会话作用域：用于将属性存储到会话作用域中的对象为HttpSession。绑定到会话作用域上的属性在同一会话中的所有Servlet操作期间都可用（当然它应该在同一个应用中）。会话作用域中的属性是非线程安全的，因为会话作用域中的属性在会话期间对所有的Servlet操作都是可用的，因此出现两个不同的Servlet修改同一个会话属性是可能的。

（3）上下文作用域：用于将属性存储到上下文作用域的对象是ServletContext。绑定到该作用域的属性在整个应用期间都是可用的（从应用启动和运行后）。因此要注意，不能绑定任何消耗内存的对象到该作用域上，因为这些对象对垃圾回收是不可见的（不会被回收）。同样，上下文作用域中的属性也是非线程安全的。

三种对象存储机制比较见表4—1。

表4—1　　三种对象存储机制比较

请求作用域	会话作用域	上下文作用域
当我们需要使请求参数仅仅对当前请求有效时，使用该作用域	当我们需要参数在整个会话期间有效时，使用该作用域	当我们需要存储对整个应用都有效的属性时，使用该作用域
请求参数被存放到该作用域中	登录信息和有状态的对象	数据库链接、JNDI查询等资源
线程安全	非线程安全	非线程安全

【教你一招】Servlet中主要有三种作用域，而JSP中有四种作用域，比Servlet多了一个页面作用域（page scope）。

知识拓展

在 Servlet 中，往往会碰到中文乱码的问题，比如说在输入框中输入中文时，Servlet 获得的往往是乱码，因为在提交数据时，Tomcat 提交的数据采用的是 iso8859 编码，而在中文环境下显示必须用 GBK 编码。因此可以通过以下方法得到正确的中文数据：

```
request.setCharacterEncoding("ISO8859 - 1");
userName = request.getParameter("name");
byte[] tmp = userName.getBytes("GBK");
String str = new String(temp3)
```

思考练习

一、简答题

简述 HttpServletRequest、HttpSession、ServletContext 三种对象存储机制的区别。

二、实训题

分别用 HttpServletRequest 对象、HttpSession 对象和 ServletContext 对象存储对象的值，并得出结论。

综合实训

利用 Servlet 编写一个简单的购书网站程序。该程序包括登录、所有书的显示、书的选择、购物车、显示购物车等功能。

项目五

购物网站程序

项目四中我们已经构建了一个购物网站的大致框架，在本项目中我们将购物网站再逐步完善，同时将 Java EE 开发中常用的 MVC 模型引入到实际开发中。JSP 负责生成动态网页，用于显示页面；Servlet 负责流程控制，用于处理各种请求的分派；JavaBeans 负责业务逻辑及对数据库的操作。

任务 1　JSP 版本的 HELLOWORLD

JSP（Java Server Pages）是由 Sun 公司倡导的、许多公司参与制定的一种动态网页技术标准。JSP 页面由 HTML 代码和嵌入其中的 Java 代码组成。JSP 在运行时被编译成为 Java Servlet，因此 Java Servlet 是 JSP 技术的基础，对于大型的 WEB 应用程序，需要 Java Servlet 和 JSP 配合才能完成。JSP 具备了 Java 技术的所有特点，如简单易用、完全面向对象、具有平台无关性且安全可靠、面向互联网等。

应用场景

前面我们使用 Servlet 实现了 HELLOWORLD 程序，在 Servlet 中我们必须使用 out. println () 语句来输出 HTML 页面。对于比较复杂的页面，所有的 HTML 代码必须使用 out. println () 语句一行行输出，程序中不得不充斥着大量的 out. println () 语句，并且界面的最终效果要在运行时才能看到，这就使得程序员很难设计出美观的页面。而对于一些大型的购物网站，美观的页面将对网站的推广起到决定性作用。JSP 的出现很好地解决了 Servlet 的这些问题。

任务分析

我们将使用 JSP 来输出 HELLOWORLD，通过与 Servlet 实现的 HELLOWORLD 相比较，我们可以更好地了解 JSP 和 Servlet 各自的优缺点。

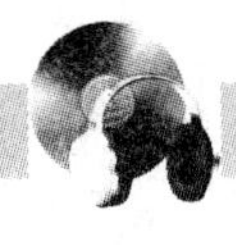

解决方案

1. JSP 概述
2. JSP 与 Servlet 的关系
3. JSP 的优势
4. JSP 版的 HELLOWORLD

一、JSP 概述

一个 JSP 文档包含两部分的内容：静态的 HTML 代码和动态的 Java 代码。服务器在收到客户端浏览器的 JSP 页面请求之后，就会运行 JSP 页面，执行其中的 Java 代码，然后将生成的 HTML 页面返回给客户端浏览器。

二、JSP 与 Servlet 的关系

Java Server Pages（JSP）是由 Servlet 发展而来的，其本质上就是 Servlet，两者都能产生动态的 WEB 内容。Servlet 完全是由 Java 程序代码构成的，虽然在程序流程控制和业务逻辑处理方面比较方便，但是通过 Servlet 生成 HTML 界面特别是复杂的界面非常烦琐。

在 JSP 中编写静态 HTML 更加方便，不必再用 println 语句输出每一行 HTML 代码。更为重要的是，JSP 有效地将内容和外观分离，使得页面制作中不同类型的工作得以方便地分开，比如，由页面设计者进行 HTML 设计，同时留出空间供 JSP/Servlet 程序员插入动态内容。

三、JSP 的优势

JSP 基于 Java 语言，因此包含了 Java 语言的所有特性。相对于其他动态网页技术，JSP 拥有诸多优点：

（1）相对于 ASP：ASP 是由微软公司提供的类似于 JSP 的动态页面的技术，但是 ASP 只能在 Windows 环境下运行；而 JSP 具有更好的平台独立性，可以在任意的平台上运行，一次编写，到处运行。

（2）相对于 Servlet：JSP 并没有提供 Servlet 无法实现的功能，相对于 Servlet 使用 println 语句来输出 HTML 界面，JSP 可以非常方便地编写或修改 HTML 代码，并且 JSP 可以将内容和外观分开，有利于按照程序员的专长进行分工。而 Servlet 将内容、外观、业务逻辑等整合在一起，不利于代码的维护和程序员的分工。

四、JSP 版的 HELLOWORLD

打开 Eclipse 开发环境，选择菜单 File→New→Other...，在弹出的新建对话框中，选择 Web 下的 Dynamic Web Project，点击 Next。

如图 5—1 所示，输入项目名称：ch501，点击 Finish 按钮。在 Eclipse 左边的项目导航栏中会出现新建的项目。

选中项目 ch501 下的 WebContent 项，点击右键，在弹出的菜单中选择 New→Other...，在弹出的新建对话框中选择 Web→JSP File，点击 Next，在弹出的对话框中输入文件名：hello.jsp。如图 5—2 所示。

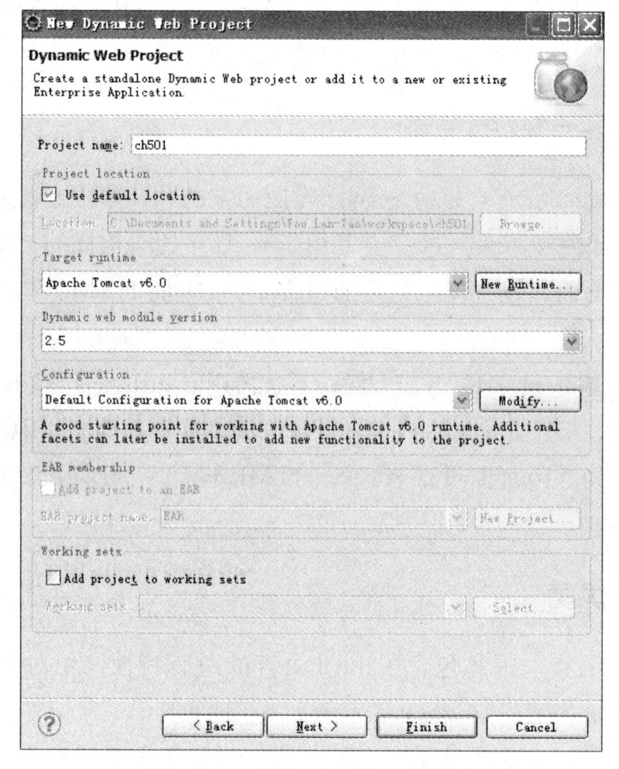

图 5—1　新建 Web 项目对话框

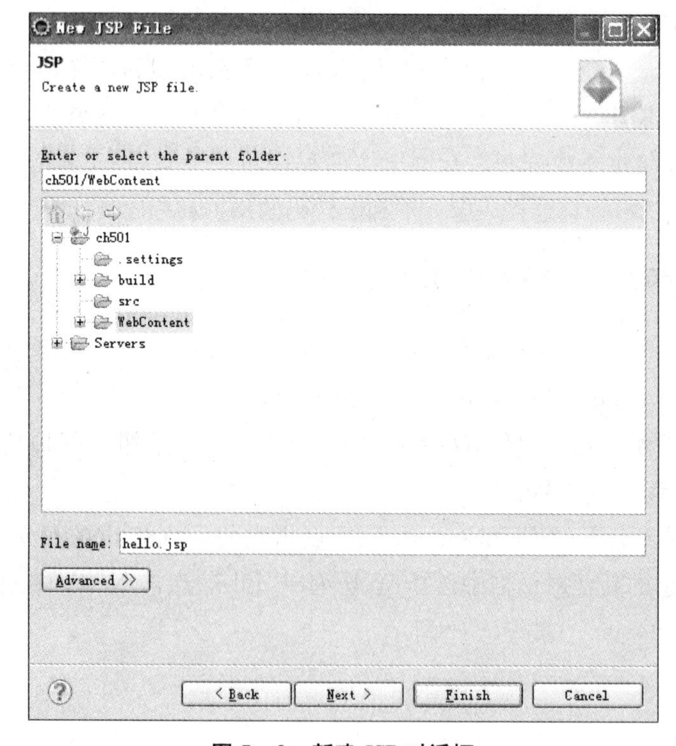

图 5—2　新建 JSP 对话框

默认生成的JSP代码如下：

```
<%@ page language="java" contentType="text/html; charset=ISO-8859-1"
    pageEncoding="ISO-8859-1"%>
<!DOCTYPE html PUBLIC "-//W3C//DTD HTML 4.01 Transitional//EN" "http://www.w3.org/TR/html4/loose.dtd">
<html>
<head>
<meta   http-equiv="Content-Type"   content="text/html;   charset=ISO-8859-1">
<title>Insert title here</title>
</head>
<body>
</body>
</html>
```

在<body>与</body>之间插入JSP代码，输出hello world!：<%= "hello world!"%>。

将项目ch501加入到Server中，运行的结果如图5—3所示。

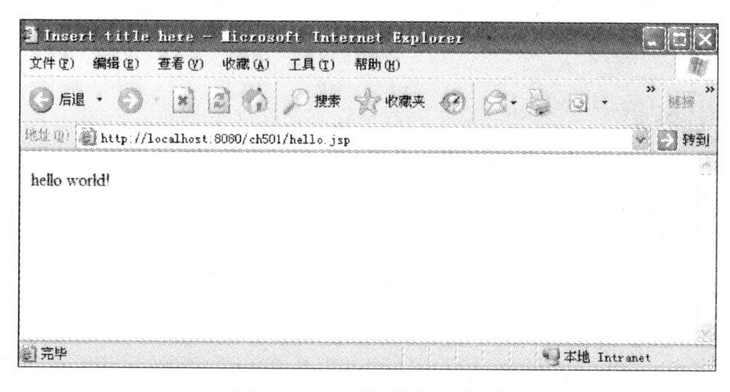

图5—3　界面显示效果

【教你一招】先有Servlet，后有JSP。JSP在运行时会被编译成Servlet，服务器运行的还是Servlet类。

知识拓展

在JSP版的HELLOWORLD中，静态的内容都使用HTML代码编写，HELLOWORLD的动态输出使用了JSP表达式，整个代码更加简洁。在加入动态代码之前，JSP完全由HTML组成，这时候我们可以像编辑普通HTML一样处理JSP页面。在企业中开发项目，一般可以先由美工使用FrontPage/Dreamweaver做出系统的HTML原型，然后由开发人员将HTML页面转化为JSP页面，并加入动态内容。

思考练习

一、简答题

1. 什么是 JSP？比较 Servlet 与 JSP 之间的异同。

2. 比较 JSP 与其他动态网页技术（如 ASP、Servlet）的优缺点。

二、实训题

仿照书上例子，使用 Eclipse 开发一个简单的 JSP 程序，在屏幕上输出“Hello JSP!”。

任务 2　基于 JSP 技术的表示层

通过本项目任务 1，我们已经学会了使用 Eclipse 开发、编译并运行 JSP 程序，并且了解了 JSP 的诸多优点。接下来我们将使用 JSP 实现购物网站的商品展示界面。

应用场景

购物网站的商品展示界面主要用于显示商品的一些基本信息，如商品的名称、简介以及价格。图 5—4 是本购物网站的手机商品的显示效果，用户可以通过点击商品名称查看商品的详细信息。

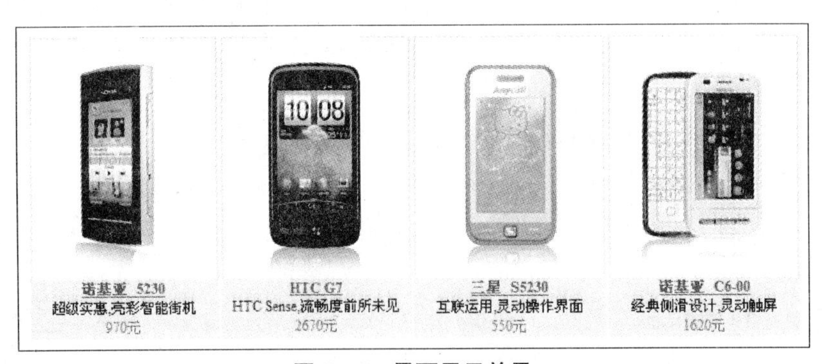

图 5—4　界面显示效果

任务分析

在商品展示界面中，所有的商品信息都是从数据库中读取出来的，然后按照表格的形式，将数据展现出来。除了需要用到JDBC的查询操作外，还需要使用HTML进行展示内容的排版。我们可以先使用HTML做出静态页面，在学习完JSP之后，再加入动态内容。

解决方案

1. JSP语法
2. JSP内置对象
3. 商品展示界面的实现

一、JSP语法

1. 注释

注释就是对代码的注解和说明，目的是更好地维护代码。JSP提供了两种形式的注释语句，一种是JSP注释，另一种是HTML注释。

（1）JSP注释：

```
<%-- a JSP comment --%>
```

JSP注释用于注解JSP代码，但是不会发送给客户端浏览器，所以JSP注释又称为隐藏注释。

（2）HTML注释：

```
<!--comment [ <%= expression %> ] -->
```

JSP的HTML注释与普通的HTML注释语法是类似的。JSP的HTML注释会被发送给客户端浏览器，可以通过浏览器“查看”菜单中的“查看源代码”进行查看。JSP的HTML注释中还可以加入JSP表达式，用于插入动态内容。

举个例子，如果在JSP中包含如下代码<!--this is a HTML comment-->，则客户端的HTML源代码包含如下内容：<!--this is a HTML comment-->。

2. JSP声明

JSP声明用于定义属性和方法，声明的属性和方法可以在JSP文件内的任意地方使用。声明的语法如下：

```
<%! declaration;[declaration;]+... %>
```

例如：

```
代码<%! int i = 0; %>,定义一个整型变量 i;
代码<%! int a, b, c; %>,定义整型变量 a,b,c.
```

一个JSP声明可以定义一个或多个变量和方法。JSP声明必须符合Java语法，并且声明变量必须以分号结尾。

3. JSP 表达式

JSP 表达式是一种在 HTML 页面中插入动态数据的便捷方式。它的语法如下：<%= *expression*%>。其中，*expression* 的结果将被转化为字符串。

例如：

```
代码<% =2+2 %>,最后的结果 4 将显示在页面上;
代码 Current time: <% = new java.util.Date() %>,将显示当前的日期.
```

JSP 表达式的值将在运行时被计算，然后转化为一个字符串，插入到当前页面中。

4. JSP 脚本程序

JSP 脚本程序可以包含任意有效的 Java 代码片段，脚本程序的语法如下：

```
<% code fragment %>
```

一个 scriptlet 能够包含多个 JSP 语句、方法、变量或表达式。在 scriptlet 中，我们可以做下列事情：声明变量或方法，编写表达式，使用隐含对象或任何使用<jsp:useBean>声明的对象，编写任何 JSP 语句。

例如：

```
<%
String name = null;
if (request.getParameter("name") = = null) {
name = "";
} else {
  foo.setName(request.getParameter("name"));
      if (foo.getName().equalsIgnoreCase("integra"))
      name = "acura";
}
%>
```

5. JSP 指令元素

JSP 指令主要用来提供与整个 JSP 网页相关的信息，并且用来设定 JSP 页面的相关属性。通过指令元素，用户可以导入 Java 类和包、定义错误处理页面等。指令元素的语法格式如下：

```
<%@ directive attribute = "value" %>
```

一个指令标记可以设置一组属性，属性之间用空格隔开。目前 JSP 有三个指令元素，分别为 page、include 和 taglib。

(1) page 指令。

page 指令用来定义 JSP 文件的全局属性，其语法格式如下：

```
<%@ page attribute1="value1" attribute2="value2"……  %>
```

page 指令的常用属性如表 5—1 所示。

表 5—1　　page 指令常用属性

属性	描述
Buffer	指定 out 对象使用的缓冲区大小，单位为 kb，默认大小为 8kb
autoFlush	指定 out 对象使用的缓冲区是否自动刷新，默认值为 true
contentType	定义 JSP 编码和页面响应的 MIME 类型
errorPage	指定 JSP 页面发生异常时调用的错误处理页面
isErrorPage	指定当前页面是否可以作为其他页面 errorPage 的属性值
pageEncoding	定义 JSP 页面的编码方式
Import	指定 JSP 页面导入的 Java 类或包
language	定义 JSP 页面使用的编程语言
Session	指定当前页面是否可以使用 Session 对象，默认值为 true
isELIgnored	用来指定 EL 表达式语言是否被忽略

例如：

```
<%@ page language="java" contentType="text/html; charset=UTF-8"
        pageEncoding="UTF-8" %>
```

这条 page 指令指定了 JSP 页面使用的脚本语言为 Java，JSP 页面的编码 pageEncoding 为 UTF-8，UTF-8 是 UNICODE 的一种变长字符编码又称万国码，用在网页上可以使页面显示中文简体和繁体及其他语言（如日文、韩文）。JSP 响应的 HTTP 内容类型为 text/HTML，字符集为 UTF-8。

（2）include 指令。

include 指令用于在 JSP 文件中静态包含一个文件，所谓静态包含是指 JSP 容器在编译 JSP 时，会把当前页面和包含的页面合并成一个文件，然后再把合并后的 JSP 文件编译成 Servlet。include 指令格式如下：

```
<%@ include file="filename" >
```

include 指令可以包含 html、JSP 等文件，filename 一般都是相对路径。

例如：输出当前的日期。

建立两个 JSP 文件，其中，parent.jsp 作为主文件，包含 date.jsp。

parent.jsp 程序代码如下：

```
<%@ page language="java" contentType="text/html; charset=UTF-8"
        pageEncoding="UTF-8" %>
<!DOCTYPE html PUBLIC "-//W3C//DTD HTML 4.01 Transitional//EN" "http://www.w3.org/TR/html4/loose.dtd">
<html>
<head>
```

```
<meta http-equiv="Content-Type" content="text/html; charset=UTF-8">
<title>include 指令</title>
</head>
<body>
<%@ include file="date.jsp" %>
</body>
</html>
```

date.jsp 程序代码如下：

```
<%@ page language="java" contentType="text/html; charset=UTF-8"
      pageEncoding="UTF-8" %>
当前日期:<%=new java.util.Date().toLocaleString() %>
```

在 parent.jsp 中使用 include 指令包含了 date.jsp，因为 date.jsp 会被合并到 parent.jsp 中，它只是 parent.jsp 的一部分，所以一些基本的 HTML 结构标记如<html>、<head>、<body>等就不需要了。

运行程序，界面显示效果如图 5—5 所示。

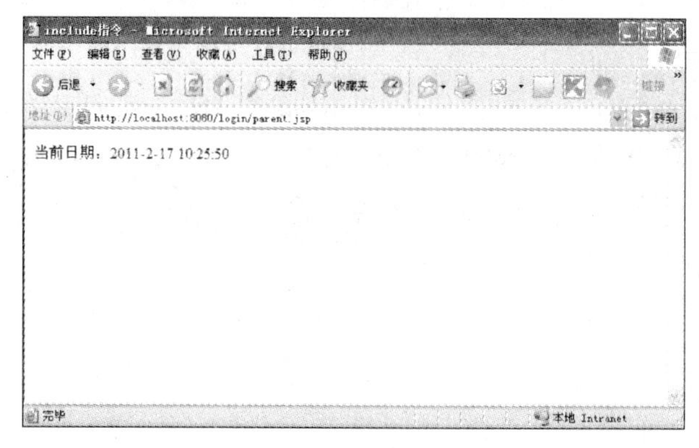

图 5—5 界面显示效果

（3）taglib 指令。

taglib 指令通过声明标记库的地址和前缀来加载标记库文件，taglib 指令格式如下：

```
<%@ taglib uri="URIForLibrary" prefix="tagPrefix" %>
```

uri 属性用于指定标记库描述符 TLD 文件的路径，prefix 属性用于指定标记库的前缀，以区分不同的标记库。

在使用标记库之前，必须使用 taglib 指令进行声明，在一个 JSP 页面中可以包含多个 taglib 指令，但是它们的前缀 prefix 必须是唯一的。

例如：

```
<%@ taglib uri="http://java.sun.com/jsp/jstl/core" prefix="c" %>
```

二、JSP 内置对象

1. out 对象

out 是 JSP 的隐含对象，实现了 javax. servlet. jsp. JspWriter 接口，用于向浏览器输出数据。out 对象是一个输出流，可用于各种数据的输出。

out 对象的常用方法见表 5—2。

表 5—2　　out 对象常用方法

方法	描述
print ()	输出各种类型数据
println ()	输出各种类型数据并换行
newLine ()	输出一个换行符
close ()	关闭输出流
flush ()	输出缓冲区的内容
clear ( )	清除缓冲区的内容
clearBuffer ( )	清除缓冲区的内容，并把数据写到客户端
getBufferSize ( )	取得目前缓冲区的大小，以字节为单位
getRemaining ( )	取得目前使用后还剩下的缓冲区大小
isAutoFlush ( )	设置 true 表示缓冲区满时会自动清除，false 表示不会自动清除并且产生异常

例如：输出当前的日期。程序代码如下：

```
<%@ page language = "java" contentType = "text/html; charset = UTF - 8"
        pageEncoding = "UTF - 8" %>
<!DOCTYPE html PUBLIC " - //W3C//DTD HTML 4.01 Transitional//EN" "http://www.w3.org/TR/html4/loose.dtd">
<html>
<head>
<meta http - equiv = "Content - Type" content = "text/html; charset = UTF - 8">
<title>out demo</title>
</head>
<body>
Current Time:
<%
out.println(new java.util.Date().toLocaleString());
%>
</body>
</html>
```

运行程序，界面显示效果如图 5—6 所示。

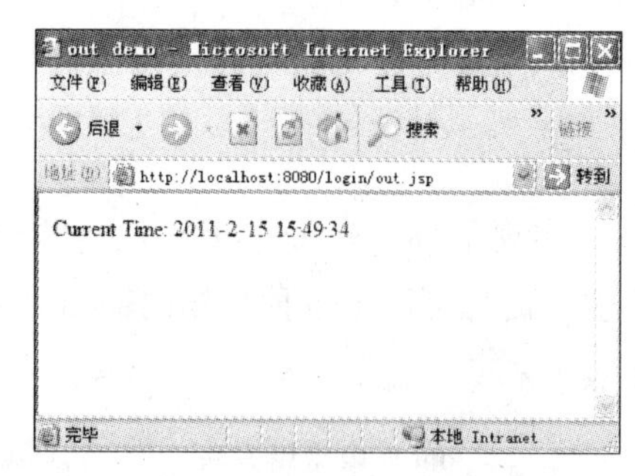

图 5—6 界面显示效果

2. request 对象

request 是 JSP 的隐含对象，客户端的请求信息被封装在 request 对象中，request 对象是 HttpServletRequest 类的实例。客户端浏览器可以通过 HTTP Get 或 Post 方法向服务器传递数据，通过 request 对象的 getParameter（String name）方法可以获得浏览器提交的数据。

request 对象的常用方法见表 5—3。

表 5—3 request 对象常用方法

方法	描述
getParameter（String name）	该方法返回参数 name 所指定的参数值，如果不存在该参数，则返回 null 值
getParameterNames（）	获得客户端传送给服务器端的所有的参数名称。这个方法的返回值是一个枚举对象（Enumeration）
getParameterValues（String name）	该方法以数组的形式返回参数 name 所指定的参数值，如果不存在该参数，则返回 null 值
getCookies（）	该方法返回客户端的 Cookie 对象数组，这些 Cookie 对象是 javax. servlet. http. Cookie 类的实例对象
getQueryString（）	得到 HTTP 请求地址中的查询字符串
getRequestURL（）	获得客户端浏览器所请求的当前 JSP 页面的 URL 地址
getHeaderNames（）	获得当前 request 对象中包含的所有 HTTP Header 的名字，这也是一个枚举对象（Enumerration）
getHeader（String name）	获得 HTTP 协议所定义的特定 HTTP 文件头的信息。该方法的参数 name 可以是 HTTP 文件头的名字，如 User-Agent
getAttribute（String name）	返回参数 name 所指定的属性值，如果不存在该属性，则返回 null 值
getAttributeNames（）	返回和当前 request 对象所绑定的每一个属性的名字
setAttribute（String name，Object obj）	将 obj 对象绑定到 request 对象的 name 属性
removeAttribute（String name）	将与 name 属性绑定的对象从 request 中移走

例如：使用 request 获得用户登录的用户名和密码。

（1）新建一个登录页面 login. jsp，程序代码如下：

```
<%@ page language = "java" contentType = "text/html; charset = UTF - 8"
pageEncoding = "UTF - 8" %>
<!DOCTYPE html PUBLIC " - //W3C//DTD HTML 4.01 Transitional//EN" "http://www.w3.org/TR/html4/loose.dtd">
<html>
<head>
<meta http - equiv = "Content - Type" content = "text/html; charset = UTF - 8">
<title>用户登录</title>
</head>
<body>
<form action = "loginLogic.jsp" method = "post">
<table width = "300px" border = "0">
<tr>
    <td>用户名:</td>
    <td><input type = "text" name = "userName"></td>
</tr>
<tr>
    <td>密 码:</td>
    <td><input type = "password" name = "password"></td>
</tr>
<tr>
    <td colspan = "2"><input type = "submit" value = " 登 录 "></td>
</tr>
</table>
</form>
</body>
</html>
```

为了支持中文，我们将字符集 charset 和 pageEncoding 页面编码都改成 UTF-8。在 login. jsp 中，指定表单提交后由 loginLogic. jsp 来处理，定义了名为 userName 的文本框表单控件和名为 password 的密码框表单控件。界面显示效果如图 5—7 所示。

图 5—7 界面显示效果

（2）新建一个登录处理页面 loginLogic.jsp，接收用户输入的信息，程序代码如下：

```
<%@ page language = "java" contentType = "text/html; charset = UTF - 8"
        pageEncoding = "UTF - 8" %>
<!DOCTYPE html PUBLIC " - //W3C//DTD HTML 4.01 Transitional//EN" "http://www.w3.org/TR/ht-
ml4/loose.dtd">
<html>
<head>
<meta http - equiv = "Content - Type" content = "text/html; charset = UTF - 8">
<title>用户登录处理</title>
</head>
<body>
<%
//取得用户输入的用户名
String userName = request.getParameter("userName");
//取得用户输入的密码
String password = request.getParameter("password");
%>
<! - - 显示欢迎信息 - - >
欢迎<% = userName %>登录系统.
</body>
</html>
```

在 JSP 脚本程序中，使用 request.getParameter（“userName”）取得用户输入的用户名信息，使用 request.getParameter（“password”）取得用户输入的密码信息，使用 JSP 表达式输出用户名。界面显示效果如图 5—8 所示。

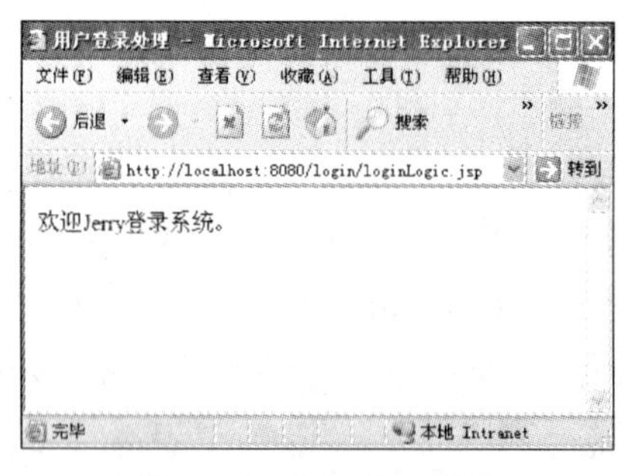

图 5—8　界面显示效果

3. response 对象

response 对象是 JSP 的隐含对象，封装了服务器对客户端的响应。response 对象实现了 HttpServletResponse 接口。response 对象用于向客户端浏览器发送数据，该对象控制发送给客户端浏览器的信息，包括直接输出信息给浏览器、重定向浏览器到另一个 URL 或设置 cookie 的值。

response 对象的常用方法见表 5—4。

表 5—4　　response 对象常用方法

方法	描述
addCookie (Cookie cookie)	将 Cookie 对象加入 response 对象
addDateHeader (String name, long date)	添加 Date 类型的 HTTP 报头
addHeader (String name, String value)	向 HTTP 响应添加新的 HTTP 报头和值
flushBuffer ()	强制将缓冲区中的内容输出到客户端
getBufferSize ()	取得输出缓冲区的实际大小
getCharacterEncoding ()	取得页面的字符集编码
getContentType ()	取得 HTTP 响应的 MIME 类型
getOutputStream ()	返回类型为 ServletOutputStream 的二进制输出流对象
getWriter ()	返回可以向客户端发送字符文本的 PrintWriter 对象
isCommitted ()	确认响应是否已经提交
sendRedirect (String location)	向客户端发送重定向响应
setBufferSize (int size)	设置输出缓冲区的大小
setContentType (String contentType)	设置响应的 ContentType 属性

例如：使用 response 实现重定向。

redirect. jsp 程序代码如下：

```
<%@ page language="java" contentType="text/html; charset=ISO-8859-1"
   pageEncoding="ISO-8859-1"%>
<!DOCTYPE html PUBLIC "-//W3C//DTD HTML 4.01 Transitional//EN" "http://www.w3.org/TR/html4/
loose.dtd">
<html>
<head>
<meta   http-equiv="Content-Type"   content="text/html;   charset=ISO-8859-1">
<title>redirect</title>
</head>
<body>
<%
   response.sendRedirect("http://www.siso.edu.cn/");
%>
</body>
</html>
```

在 redirect. jsp 中加入 sendRedirect 方法，要求浏览器重定向到苏州工业园区服务外包职业学院的主页。在浏览器中输入地址 http：//127.0.0.1：8080/ch05/redirect. jsp 访问该页面，可以观察到浏览器打开了苏州工业园区服务外包职业学院的主页，并且浏览器地址栏中的地址也变成了苏州工业园区服务外包职业学院的地址。界面显示效果如图 5—9 所示。

图 5—9　界面显示效果

4. session 对象

session 对象是 JSP 的隐含对象，封装了服务器与客户端会话的信息。session 对象实现了 HttpSession 接口。从客户打开浏览器连接到服务器开始，到客户关闭浏览器结束，被称为一个会话，session 对象在此期间用于跟踪客户的状态。在会话开始时，JSP 引擎为客户端创建一个 session 对象，并给该 session 对象分配唯一的 id 号，同时 JSP 引擎把这个 id 号发给客户端。客户端再次访问服务器时，浏览器会带着这个 id 号，服务器就能根据 id 号找到用户对应的 session 对象。这样，session 对象就和客户端浏览器建立了一一对应的关系。

session 对象的常用方法见表 5—5。

表 5—5　session 对象常用方法

方法	描述
getAttribute (String name)	返回参数 name 所指定的属性值，如果不存在该属性，则返回 null 值
getAttributeNames ()	返回和当前 session 对象所绑定的每一个属性的名字
isNew ()	返回是否是一个新的 session 对象
getCreationTime	返回 session 对象的创建时间
getId ()	返回 session 对象的 id 号
invalidate ()	注销当前的 session 对象
getLastAccessedTime ()	返回 session 对象的最后一次访问时间
getMaxInactiveInterval ()	取得 session 对象的生存时间
removeAttribute (String name)	将与 name 属性绑定的对象从 session 中移走
setAttribute (String name, Object object)	将 obj 对象绑定到 session 对象的 name 属性

例如：使用 session 对象保存登录用户的用户名。

(1) 新建一个登录页面 login.jsp，程序代码如下：

```
<%@ page language = "java" contentType = "text/html; charset = UTF - 8"
pageEncoding = "UTF - 8" %>
```

```
<!DOCTYPE html PUBLIC "-//W3C//DTD HTML 4.01 Transitional//EN" "http://www.w3.org/TR/html4/loose.dtd">
<html>
<head>
<meta http-equiv="Content-Type" content="text/html; charset=UTF-8">
<title>用户登录</title>
</head>
<body>
<form action="loginLogic.jsp" method="post">
<table width="300px" border="0">
<tr>
    <td>用户名:</td>
    <td><input type="text" name="userName"></td>
</tr>
<tr>
    <td colspan="2"><input type="submit" value=" 登 录 "></td>
</tr>
</table>
</form>
</body>
</html>
```

界面显示效果如图5—10所示。

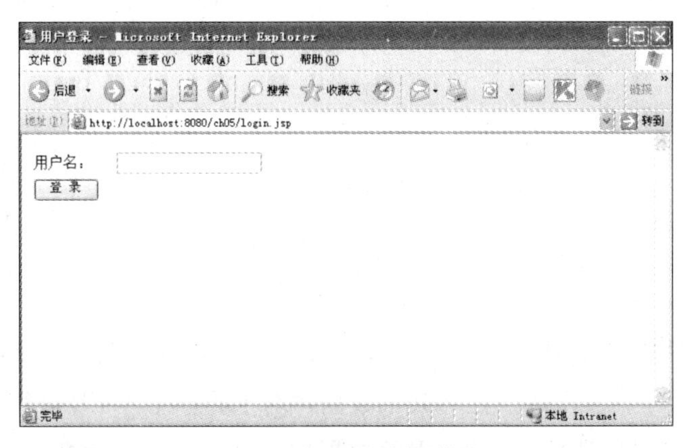

图5—10 界面显示效果

(2) 新建一个登录处理页面loginLogic.jsp，接收用户输入的信息，程序代码如下:

```
<%@ page language="java" contentType="text/html; charset=UTF-8"
    pageEncoding="UTF-8"%>
<!DOCTYPE html PUBLIC "-//W3C//DTD HTML 4.01 Transitional//EN" "http://www.w3.org/TR/html4/loose.dtd">
<html>
<head>
<meta http-equiv="Content-Type" content="text/html; charset=UTF-8">
```

```
<title>用户登录处理</title>
</head>
<body>
<%
//取得用户输入的用户名
String userName = request.getParameter("userName");
//添加用户名到 session 中
session.setAttribute("user", userName);
%>
<!-- 显示欢迎信息 -->
欢迎<%= session.getAttribute("user") %>登录系统.
</body>
</html>
```

在 JSP 脚本程序中，使用 request. getParameter（“userName”）取得用户输入的用户名信息，然后通过 session 的 setAttribute 方法把用户信息添加到 session 中，使用 JSP 表达式输出 session 中保存的用户名。

运行程序，界面显示效果如图 5—11 所示。

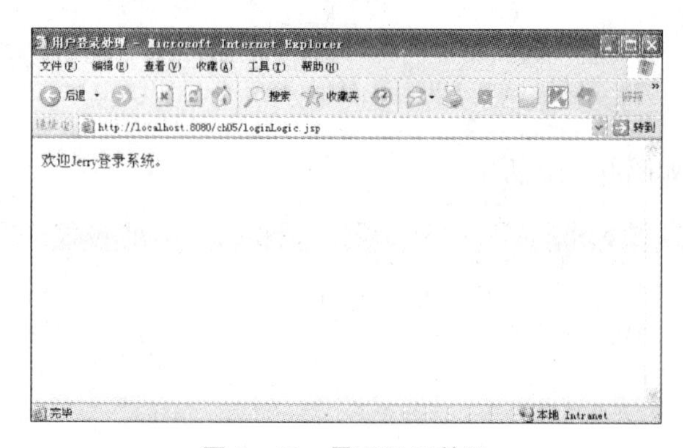

图 5—11　界面显示效果

5. application 对象

application 对象是 JSP 的隐含对象，实现了 javax. servlet. ServletContext 接口。application 对象用于在多个用户之间共享数据，对于同一个 WEB 应用程序，不同用户使用的 application 对象都是同一个。JSP 容器启动时，为每一个 WEB 应用程序创建一个 application 对象；JSP 容器关闭时，所有的 application 对象都会被销毁。

application 对象的常用方法见表 5—6。

表 5—6　　application 对象常用方法

方法	描述
getAttribute（String name）	返回参数 name 所指定的属性值，如果不存在该属性，则返回 null 值
getAttributeNames（）	返回和当前 application 对象所绑定的每一个属性的名字

续前表

方法	描述
setAttribute (String name, Object object)	将 obj 对象绑定到 application 对象的 name 属性
removeAttribute (String name)	将与 name 属性绑定的对象从 application 中移走
getMajorVersion ()	返回 Servlet API 的主版本号
getMinorVersion ()	返回 Servlet API 的次版本号
getServerInfo ()	返回 Servlet 编译器的信息
getInitParameter (String name)	返回指定名称的初始化参数值
getInitParameterNames ()	返回所有的参数名称，这个方法的返回值是一个枚举对象（Enumeration）

例如：制作站点计数器。程序代码如下：

```
<%@ page language="java" contentType="text/html; charset=UTF-8"
    pageEncoding="UTF-8"%>
<!DOCTYPE html PUBLIC "-//W3C//DTD HTML 4.01 Transitional//EN" "http://www.w3.org/TR/html4/loose.dtd">
<html>
<head>
<meta http-equiv="Content-Type" content="text/html; charset=UTF-8">
<title>站点计数器</title>
</head>
<body>
<br>
<%
    String strCount = (String)application.getAttribute("count");
    int count = 0;
    if(strCount!=null)
    {
        count = Integer.parseInt(strCount) + 1;
    }
    application.setAttribute("count", Integer.toString(count));
%>
您当前是第<%=count%>位用户.
</body>
</html>
```

每当有人访问计数器页面时，从 application 对象中读取最后的计数值，然后计数器 count 就加 1，并把最新的计数值保存在 application 对象中。这样每当有人访问页面时，计数值就会增加 1。界面显示效果如图 5—12 所示，可以看到每次刷新页面，计数值就加 1。

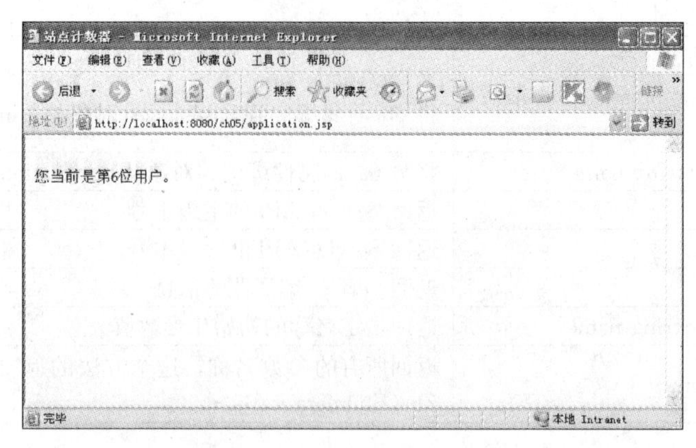

图 5—12　界面显示效果

6. Cookie 对象

Cookie 在英文中是小甜品的意思，Cookie 对象是当你浏览某网站时，网站服务器存储在你机器上的一个小文件，它记录了用户的一些信息，如用户 ID、密码、浏览过的网页、停留的时间等信息。Cookie 以名值对的形式保存数据。当用户再次来到该网站时，网站通过读取保存在客户端的 Cookie，获得用户的相关信息，就可以做出相应的动作，如在页面显示欢迎的标语，或者让用户自动登录等。

用户可以在 IE 的“工具→Internet 选项”的“常规”选项卡中，选择“设置→查看文件”，查看所有保存在本地电脑里的 Cookie。这些文件通常是以 user@domain 的格式命名，user 是你的本地用户名，domain 是所访问的网站的域名。

Cookie 对象的常用方法见表 5—7。

表 5—7　Cookie 对象常用方法

方法	描述
Cookie（String name，String value）	构造函数，构造带有指定名称和值的 Cookie
getComment（）	返回描述此 Cookie 用途的注释；如果该 Cookie 没有注释，则返回 null 值
getMaxAge（）	返回以秒为单位指定的 Cookie 的最长生存时间
getName（）	获得 Cookie 对象的名称
getValue（）	获得 Cookie 对象的值
setComment（String）	指定一个描述 Cookie 用途的注释
setMaxAge（int）	设置 Cookie 的最长生存时间，以秒为单位
setValue（String）	在创建 Cookie 之后将新值分配给 Cookie

例如：创建和读取 Cookie 对象。

createCookie.jsp 用于创建 Cookie 对象，程序代码如下：

```
<%@ page language = "java" contentType = "text/html; charset = UTF - 8"
    pageEncoding = "UTF - 8" %>
  <!DOCTYPE html PUBLIC " - //W3C//DTD HTML 4.01 Transitional//EN" "http://www.w3.org/TR/ht-
```

```
ml4/loose.dtd">
    <html>
    <head>
    <meta http-equiv="Content-Type" content="text/html; charset=UTF-8">
    <title>创建 Cookie 对象</title>
    </head>
    <body>
    <%
    //建立 Cookie 对象
    Cookie cookie = new Cookie("user", "Jerry");
    //设置 Cookie 对象的最长生存时间为 60 秒
    cookie.setMaxAge(60);
    //将 Cookie 对象加入 response,传送给客户端浏览器
    response.addCookie(cookie);
    %>
    <a href="readCookie.jsp">读取 cookie</a>
    </body>
    </html>
```

运行程序，界面显示效果如图 5—13 所示。

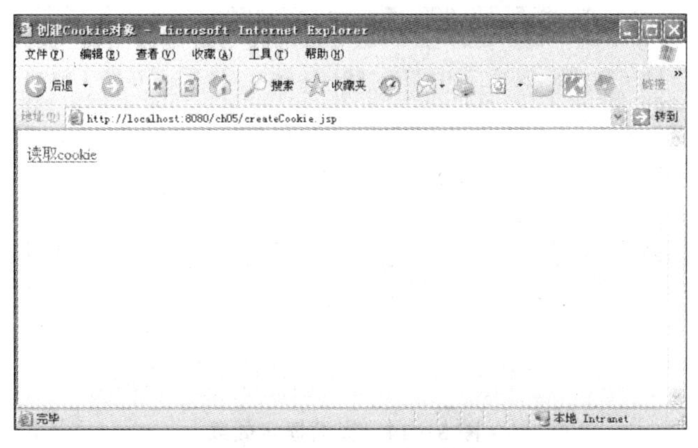

图 5—13　界面显示效果

readCookie.jsp 用于读取 Cookie 对象，程序代码如下：

```
<%@ page language="java" contentType="text/html; charset=UTF-8"
    pageEncoding="UTF-8"%>
<!DOCTYPE html PUBLIC "-//W3C//DTD HTML 4.01 Transitional//EN" "http://www.w3.org/TR/html4/
loose.dtd">
<html>
<head>
<meta http-equiv="Content-Type" content="text/html; charset=UTF-8">
<title>读取 cookie</title>
</head>
```

```
<body>
<%
    Cookie cookies[] = request.getCookies();
    if(cookies! = null)
    {
        for(int i = 0; i<cookies.length; i + + )
        {
            if(cookies[i].getName().equals("user"))
                out.println(cookies[i].getValue());
        }
    }
%>
</body>
</html>
```

Cookie 对象与当前用户相关，Cookie 在生成时就会指定一个生存周期，在这个周期内 Cookie 都有效，超出周期的 Cookie 才会被清除。在 Cookie 有效期内，用户与网站会话时，Cookie 对象都会存在于 request 对象中。

运行程序，界面显示效果如图 5—14 所示。

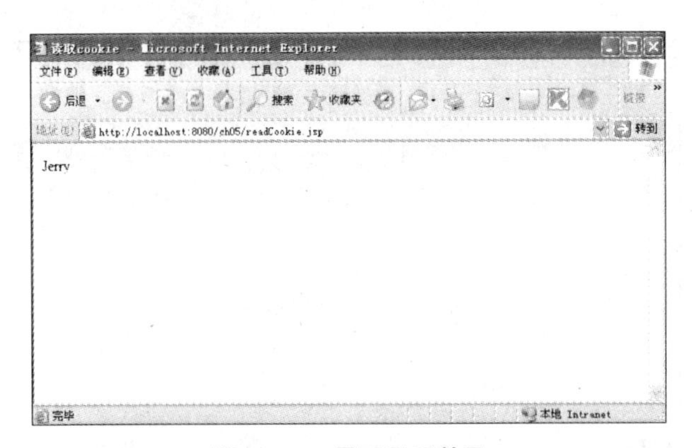

图 5—14　界面显示效果

三、商品展示界面的实现

掌握了 JSP 的基本语法和常用内置对象之后，我们就可以来开发商品展示界面了。

1. 数据库设计

在 MySQL 的 Test 数据库下创建一个名为 product _ info 的表，该表中有 6 个字段。代码如下：

```
use test;
DROP TABLE IF EXISTS product_info;
CREATE TABLE IF NOT EXISTS product_info
(
```

```
    id INT UNSIGNED NOT NULL AUTO_INCREMENT PRIMARY KEY,
    name VARCHAR(100) NOT NULL, /*产品名称*/
    description VARCHAR(100) NOT NULL,/*产品描述*/
    price INT UNSIGNED NOT NULL,/*产品价格*/
    image VARCHAR(100) NOT NULL,/*产品对应的图片路径*/
    introduction VARCHAR(500) NOT NULL/*产品介绍*/
);
delete from product_info;
insert into product_info(name, description, price, image, introduction) values("诺基亚5250","最低价S60智能触屏机", 880,"1.png","外形美观,触感也不错。价格便宜,给人的视觉效果很好。");
insert into product_info(name,description,price,image, introduction) values("HTC G7","HTC Sense,流畅度前所未见",2670,"2.png","做工精细,屏幕大,运行速度快,Android系统也很容易上手。");
insert into product_info(name,description,price,image, introduction) values("三星S5230","互联运用,灵动操作界面", 550,"3.png","全触屏,大范围触感灵敏。设计人性化,上手快。");
insert into product_info(name,description,price,image, introduction) values("诺基亚C6-00","经典侧滑设计,灵动触屏", 1620,"4.png","触摸屏较灵敏,全键盘手感很不错,屏幕显示效果比较精细。").
```

上面是建表的 SQL 语句，同时为了方便程序的演示，我们通过 insert 语句，在数据表中准备一些初始数据。将以上 SQL 语句在 MySQL 命令行中执行，然后运行 select 语句，若看到如图 5—15 所示的界面，则表明数据表建立成功。

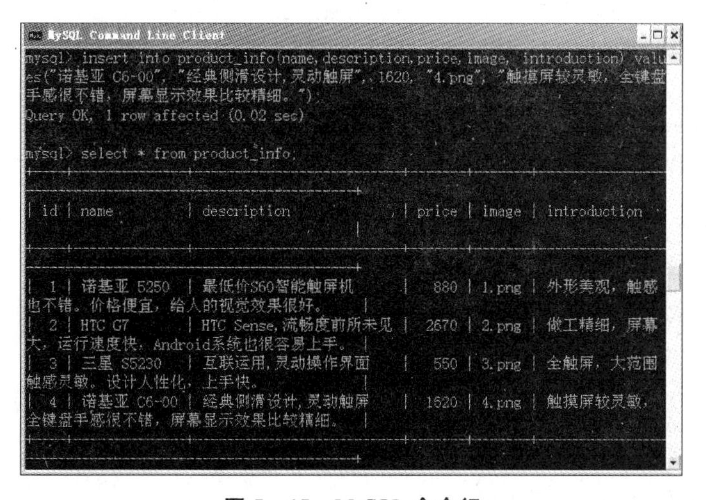

图 5—15　MySQL 命令行

2. 展示界面的实现

我们分两步来实现商品展示界面：首先使用 HTML，实现静态的商品展示界面；然后以此为原型，开发动态的商品展示界面。静态 HTML 实现代码 display.html 如下：

```
<html>
```

```
<head>
<meta    http - equiv = "Content - Type"    content = "text/html;    charset = gb2312">
<title>显示产品</title>
<style type = text/css>
<! - -
. title1{font - size:12px; color:blue;font - weight:bold}
table{font - size:12px}
. td1{line - height:16px}
. price1{color:red}
- - >
</style>
</head>
<body>
<table border = "0">
    <tr>
        <td align = "center" bgcolor = #F4F4F4>
            <img border = "0" src = "1. png" width = "159" height = "199"><br>
            <a href = "" class = "title1">诺基亚 5250</a><br>
            最低价 S60 智能触屏机<br>
            <span class = "price1">880 元</span>
        </td>
        <td align = "center" bgcolor = #F4F4F4>
            <img border = "0" src = "2. png" width = "159" height = "199"><br>
            <a href = "" class = "title1">HTC G7</a><br>
            HTC Sense,流畅度前所未见<br>
            <span class = "price1">2670 元</span>
        </td>
        <td align = "center" bgcolor = #F4F4F4>
            <img border = "0" src = "3. png" width = "159" height = "199"><br>
            <a href = "" class = "title1">三星 S5230</a><br>
            互联运用,灵动操作界面<br>
            <span class = "price1">550 元</span>
        </td>
        <td align = "center" bgcolor = #F4F4F4>
        <img border = "0" src = "4. png" width = "159" height = "199"><br>
        <a href = "" class = "title1">诺基亚 C6 - 00</a><br>
        经典侧滑设计,灵动触屏<br>
        <span class = "price1">1620 元</span>
        </td>
    </tr>
</table>
</body>
</html>
```

我们把四个产品信息放在不同的表格单元格 td 中，以其中的诺基亚 5250 为例，我们可以看到 img 中 src 属性是诺基亚 5250 产品的图片路径，与数据表中的 image 字段值相对应，而超链接<a>显示的链接内容，就是产品的名字，与数据表中的 name 字段值相对应。由此可见，界面上显示的每一个产品信息都与数据表 product _ info 中的一条记录相对应，这样我们就只要读出数据表中的所有记录，然后使用循环语句显示产品信息即可。

下面为 JSP 版本的商品展示界面 display. jsp：

```
<%@page import="java.sql.ResultSet"%>
<%@page import="java.sql.Statement"%>
<%@page import="java.sql.DriverManager"%>
<%@page import="java.sql.Connection"%>
<%@ page language="java" contentType="text/html; charset=UTF-8"
    pageEncoding="UTF-8"%>
<!DOCTYPE html PUBLIC "-//W3C//DTD HTML 4.01 Transitional//EN" "http://www.w3.org/TR/html4/
loose.dtd">
<html>
<head>
<meta http-equiv="Content-Type" content="text/html; charset=UTF-8">
<title>显示产品</title>
<style type=text/css>
<!--
.title1 {
    font-size: 12px;
    color: blue;
    font-weight: bold
}
table {
    font-size: 12px
}
.td1 {
    line-height: 16px
}
.price1 {
    color: red
}
-->
</style>
</head>
<body>
<%
    try{
        Class.forName("com.mysql.jdbc.Driver");
```

```
        String              url
"jdbc:mysql://localhost/test?user = root&password = 123456";
        //建立数据库连接
        Connection conn  =  DriverManager.getConnection(url);
        Statement stmt  =  conn.createStatement();
        String sql  =  "select  *  from product_info";
    //执行 SQL 语句
        ResultSet rs  =  stmt.executeQuery(sql);
        out.println("<table border = '0'>");
        out.println("<tr>");
        while(rs.next())
        {
            //输出产品信息
            out.println("<td align = 'center' bgcolor = '#F4F4F4'>");
            out.println("<img border = '0' src = '" + rs.getString("image") + "' width = '159px'
height = '199px'><br>");
            out.println("<a    href = '#'    class = 'title1'>"    + rs.getString("name") + "
</a><br>");
            out.println(rs.getString("description") + "<br>");
            out.println("<span class = 'price1'>" + rs.getString("price") + "元</span>");
            out.println("</td>");
        }
        out.println("</tr>");
            out.println("</table>");
        }
        catch(Exception ex)
        {
            out.println("显示产品发生错误!");
        }
%>
</body>
</html>
```

运行程序，界面显示效果如图 5—16 所示。

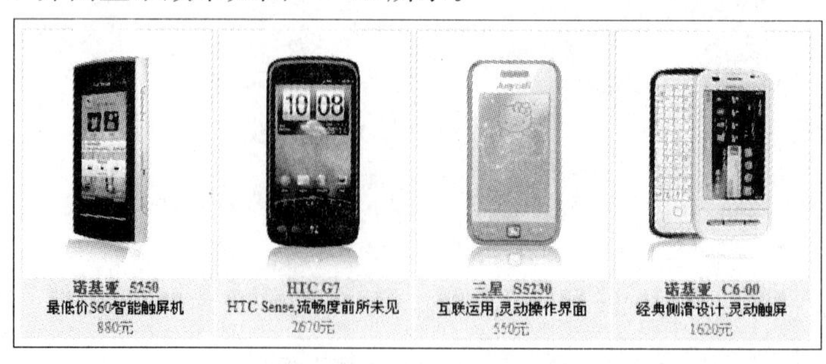

图 5—16　界面显示效果

【教你一招】采用JSP可以大大减少代码量。

知识拓展

在上面的例子中，用于展示商品的HTML表格我们使用了out.println进行输出，仔细观察可以发现，其中大部分都是静态内容，静态内容只需要直接使用HTML代码即可。下面我们对display.jsp进行改写。

```
<%@page import="java.sql.ResultSet"%>
<%@page import="java.sql.Statement"%>
<%@page import="java.sql.DriverManager"%>
<%@page import="java.sql.Connection"%>
<%@ page language="java" contentType="text/html; charset=UTF-8"
    pageEncoding="UTF-8"%>
<!DOCTYPE html PUBLIC "-//W3C//DTD HTML 4.01 Transitional//EN" "http://www.w3.org/TR/html4/
loose.dtd">
<html>
<head>
<meta http-equiv="Content-Type" content="text/html; charset=UTF-8">
<title>显示产品</title>
<style type=text/css>
<!--
.title1 {
    font-size: 12px;
    color: blue;
    font-weight: bold
}
table {
    font-size: 12px
}
.td1 {
    line-height: 16px
}
.price1 {
    color: red
}
-->
</style>
</head>
<body>
```

```
<%
    ResultSet rs = null;
    try{
        Class.forName("com.mysql.jdbc.Driver");
        String                url
"jdbc:mysql://localhost/test?user=root&password=123456";
        //建立数据库连接
        Connection conn = DriverManager.getConnection(url);
        Statement stmt = conn.createStatement();
        String sql = "select * from product_info";
        //执行 SQL 语句
        rs = stmt.executeQuery(sql);
    %>
<table border="0">
    <tr>
        <%
        while(rs.next())
        {
            //输出产品信息
        %>
        <td align="center" bgcolor="#F4F4F4"><img border="0"
            src="<%=rs.getString("image")%>"    width="159px" height="199px"><br>
        <a href="#" class="title1"><%=rs.getString("name")%></a><br>
        <%=rs.getString("description")%><br>
        <span class="price1"><%=rs.getString("price")%>元</span></td>
        <%}
    }
    catch(Exception ex)
    {
        out.println("显示产品发生错误!");
    }
%>
</tr>
</table>
</body
</html>
```

思考练习

一、简答题

1. 如何使用 request 取得客户端提交的数据?
2. 如何使用 session、application 保存数据?两者有什么差别?

二、实训题

1. 实现一个用户注册界面，如图 5—17 所示。

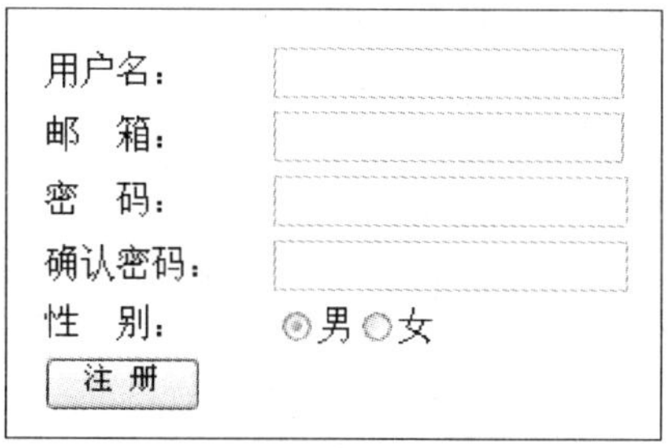

用户名：
邮　箱：
密　码：
确认密码：
性　别：　◉男 ○女
注 册

图 5—17　用户注册界面

2. 实现一个网站计数器，统计访问该网页的人数。

任务 3　基于 JavaBean 技术的模型层

JavaBean 是一种用 Java 语言编写的可重用组件，它必须满足一定的规范。实际上 JavaBean 是一种 Java 类，通过封装属性和方法成为具有某种功能或者处理某个业务的对象，简称 Bean。由于 JavaBean 是基于 Java 语言的，因此 JavaBean 不依赖任何平台，具有以下特点：(1) 可以实现代码的重复利用；(2) 易编写，易维护，易使用；(3) 可以在任何安装了 Java 运行环境的平台上使用，而不需要重新编译。

应用场景

在本项目任务 2 的展示页面上，我们把业务逻辑与显示逻辑放在一起。在大型应用中，由于代码量大，业务逻辑与显示逻辑的耦合将使得应用程序很难维护，因此在企业应用开发中，一般都将业务逻辑与显示逻辑分开。对于产品展示界面，我们可以将其拆分为两个页面，一个页面负责业务逻辑，也就是从数据库中读取所有的产品信息；另一个页面负责产品信息的显示。这就要求程序在两个页面之间传递产品信息，于是就产生了在多个 JSP 页面之间如何高效传值的问题。使用 JavaBean 构建实体对象，将方便多个页面之间的互相传值。

任务分析

我们把产品展示界面分成两个页面，即 preDisplay.jsp 和 productDisplay.jsp。其

中，preDisplay.jsp 用于从数据库中查找所有的产品信息，利用 JavaBean 技术，构建出产品对象，然后把产品对象放在 request 对象中传递给 productDisplay.jsp，这样既可以简化传值过程，又可以简化显示过程，通过面向对象的方式优化代码；而 productDisplay.jsp 将负责显示所有的产品信息。

解决方案

1. JavaBean 技术
2. JSP 调用 JavaBean
3. 基于 JavaBean 的产品展示页面

一、JavaBean 技术

JavaBean 是一个组件，具有重用性、封装性和独立性等特点。JavaBean 本质上是一个 Java 类，但是这个类必须满足下面的规范，否则就不能称为一个 JavaBean：

（1）JavaBean 类必须是一个公共类，也就是其访问属性必须为 public。

（2）JavaBean 类必须有一个默认构造函数：类中必须有一个不带参数的公用构造函数。

（3）一个 JavaBean 类不应该有公共实例变量，类属性都必须为 private。

（4）JavaBean 属性应该通过一组存取方法（getXXX 和 setXXX）来访问：对于每个属性，应该有一个匹配的公用 getter 和 setter 方法来访问，对于 boolean 类型的成员变量，允许使用"is"代替上面的"get"和"set"。

JavaBean 可分为两种：一种是有用户界面（UI，User Interface）的 JavaBean；还有一种是没有用户界面，主要负责处理业务（如数据运算、数据库操作、业务实体对象）的 JavaBean。JavaBean 广泛应用在 JSP 中，一般用来处理业务逻辑。在产品展示功能中，产品信息可以封装成一个产品 Bean 对象。下面我们编写产品信息 Bean：ProductBean.jsp，代码如下所示：

```
package product;
public class ProductBean {
    /**产品编号**/
    private long id = 0;
    /**产品名称**/
    private String name = "";
    /**产品图片路径**/
    private String image = "";
    /**产品描述**/
    private String description = "";
    /**产品价格**/
```

```
    private int price = 0;
    /* * 产品介绍 * */
    private String introduction = "";
    /* * 默认构造函数 * */
    public ProductBean() {
        super();
    }
    public long getId() {
        return id;
    }
    public void setId(long id) {
        this.id = id;
    }
    public String getName() {
        return name;
    }
    public void setName(String name) {
        this.name = name;
    }
    public String getImage() {
        return image;
    }
    public void setImage(String image) {
        this.image = image;
    }
    public String getDescription() {
        return description;
    }
    public void setDescription(String description) {
        this.description = description;
    }
    public int getPrice() {
        return price;
    }
    public void setPrice(int price) {
        this.price = price;
    }
    public String getIntroduction() {
        return introduction;
    }
    public void setIntroduction(String introduction) {
        this.introduction = introduction;
    }
}
```

二、JSP 调用 JavaBean

JavaBean 生成之后，我们需要在 JSP 中使用该 JavaBean，JSP 提供了相关的动作元素来引用 JavaBean。

1. <jsp:useBean>

使用<jsp:useBean>元素定位或实例化一个 JavaBean 组件。<jsp:useBean>首先会尝试定位一个 Bean 实例，如果 Bean 不存在，那么<jsp:useBean>就会基于某个 class 创建一个 Bean 实例。

<jsp:useBean>语法如下：

```
<jsp:useBean id = "beanInstanceName" scope = "page | request | session | application"
{
    class = "package.class" |
    type = "package.class" |
    class = "package.class" type = "package.class" |
    beanName = "{package.class | <% = expression %>}" type = "package.class"
}
{
    /> |
    >other elements </jsp:useBean>
}
```

其中，id 为 Bean 的变量名，class 指定了 Bean 的类型，scope 指定了 Bean 的存在范围。下面是使用 JavaBean 的例子：

```
<jsp:useBean  id = "product" scope = "request"  class = "product.ProductBean">
```

<jsp:useBean>首先会尝试从 request 中查找名为 *product* 的 Bean 对象，如果不存在，那么<jsp:useBean>就会创建一个 product. ProductBean 对象。

2. <jsp:getProperty>

<jsp:useBean>用来访问 JavaBean，<jsp:getProperty>动作元素用来访问 Bean 的属性，并可以将其使用或显示在 JSP 页面中。<jsp: getProperty>的语法如下：

```
<jsp: getProperty name = "beanInstanceName" property = "propertyName">
```

其中，name 为 Bean 的变量名，与<jsp:useBean>的 id 属性一致，property 指定要访问的 Bean 属性。<jsp:getProperty>必须与<jsp:useBean>联合使用。下面为使用<jsp:getProperty>的例子：

```
<%@page import = "product.ProductBean" %>
<%@page language = "java" contentType = "text/html; charset = ISO - 8859 - 1"
    pageEncoding = "ISO - 8859 - 1" %>
```

```
<!DOCTYPE html PUBLIC "-//W3C//DTD HTML 4.01 Transitional//EN" "http://www.w3.org/TR/html4/loose.dtd">
<html>
<head>
<meta http-equiv="Content-Type" content="text/html; charset=ISO-8859-1">
<title>Insert title here</title>
</head>
<body>
<%
    ProductBean product1 = new ProductBean();
    product1.setName("Nokie");
    request.setAttribute("product", product1);
%>
<jsp:useBean id="product" scope="request" class="product.ProductBean"></jsp:useBean>
<jsp:getProperty property="name" name="product"/>
</body>
</html>
```

程序首先建立一个 ProductBean 对象 product1，然后把 product1 对象保存在request中。程序使用<jsp：useBean>获得 Bean 实例，然后用<jsp：getProperty>获得并显示 product 的 name 属性值。程序运行效果如图 5—18 所示。

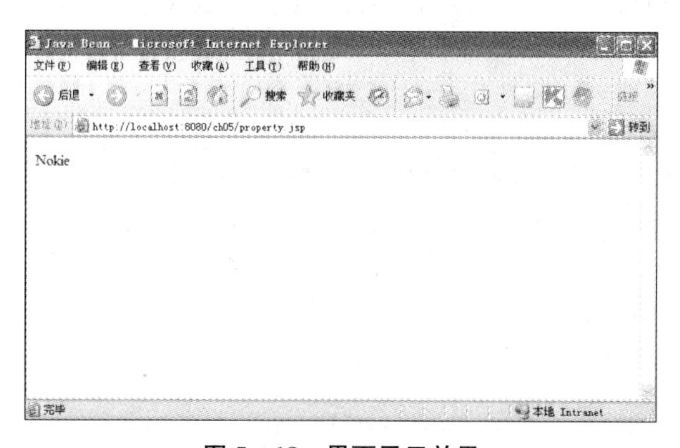

图 5—18　界面显示效果

3. <jsp:setProperty>

<jsp:setProperty>动作元素用来设置 Bean 中的属性值，必须与<jsp:useBean>配合使用。<jsp:setProperty>的语法如下：

```
<jsp:setProperty
    name="beanInstanceName"
    {
    property= "*" |
    property="propertyName" [ param="parameterName" ] |
```

```
    property = "propertyName" value = "{string | <% = expression %>}"
    }
    />
```

其中，name 为 Bean 的变量名，与<jsp:useBean>的 id 属性一致，property 指定要设置的 Bean 属性名，value 为设置的具体值。下面为使用<jsp:setProperty>的例子：

```
<jsp:setProperty property = "name" name = "product" value = "nokie"/>
```

三、基于 JavaBean 的产品展示页面

了解了 JavaBean 以及如何在 JSP 中使用 JavaBean，下面我们就可以实现基于 JavaBean 的产品展示页面了。在前面的分析中我们把产品展示界面分成两个页面：preDisplay. jsp 和 productDisplay. jsp。下面是它们的实现代码：

```
preDisplay.jsp
<%@page import = "product.ProductBean" %>
<%@page import = "java.util.List" %>
<%@page import = "java.util.ArrayList" %>
<%@page import = "java.sql.*" %>
<%@ page language = "java" contentType = "text/html; charset = UTF-8"
    pageEncoding = "UTF-8" %>
<!DOCTYPE html PUBLIC "-//W3C//DTD HTML 4.01 Transitional//EN" "http://www.w3.org/
TR/html4/loose.dtd">
<html>
<head>
<meta http-equiv = "Content-Type" content = "text/html; charset = UTF-8">
<title>Predisplay</title>
</head>
<body>
<%
    try{
        Class.forName("com.mysql.jdbc.Driver");
        String                url
"jdbc:mysql://localhost/test?user = root&password = 123456";
        Connection conn = DriverManager.getConnection(url);
        Statement stmt = conn.createStatement();
        String sql = "select * from product_info";
        ResultSet rs = stmt.executeQuery(sql);
        List products = new ArrayList();
        ProductBean bean = null;
        while(rs.next())
        {
```

```
                bean = new ProductBean();
                bean.setId(rs.getLong("id"));
                bean.setDescription(rs.getString("description"));
                bean.setImage(rs.getString("image"));
                bean.setName(rs.getString("name"));
                bean.setPrice(rs.getInt("price"));
                bean.setIntroduction(rs.getString("introduction"));
                products.add(bean);
            }
            request.setAttribute("products", products);
        }
        catch(Exception ex)
        {
            ex.printStackTrace();
        }
%>
<jsp:forward page = "productDisplay.jsp"></jsp:forward>
</body>
</html>
```

<jsp:forward>是JSP的动作元素，用于将请求转发给其他JSP文件、HTML文件或者Servlet程序。Page属性指定要转发的目标页面，在这里是productDisplay.jsp。preDisplay.jsp从数据库中读取产品信息，然后把读取出的信息通过set方法赋给ProductBean对象，完成对象的构建。

```
productDisplay.jsp
<%@page import = "product.ProductBean" %>
<%@page import = "java.util.ArrayList" %>
<%@page import = "java.util.List" %>
<%@page language = "java" contentType = "text/html; charset = UTF-8"
    pageEncoding = "UTF-8" %>
<!DOCTYPE html PUBLIC "-//W3C//DTD HTML 4.01 Transitional//EN" "http://www.w3.org/TR/html4/
loose.dtd">
<html>
<head>
<meta http-equiv = "Content-Type" content = "text/html; charset = UTF-8">
<title>显示产品</title>
<style type = text/css>
<!--
.title1 {
    font-size: 12px;
    color: blue;
    font-weight: bold
```

```
}
table {
    font-size: 12px
}
.td1 {
    line-height: 16px
}
.price1 {
    color: red
}
-->
</style>
</head>
<body>
<%
List products = (ArrayList)request.getAttribute("products");
ProductBean bean = null;
if(products! = null)
{
    out.println("<table border = '0'>");
        out.println("<tr>");
        for(int i = 0; i<products.size(); i + + )
        {
            bean = (ProductBean)products.get(i);
            out.println("<td align = 'center' bgcolor = '# F4F4F4'>");
            out.println("<img border = '0' src = '" + bean.getImage() + "' width = '159px' height =
'199px'><br>");
            out.println("<a href = 'predetail.jsp?id = " + bean.getId() + "' class = 'title1'>" +
bean.getName() + "</a><br>");
            out.println(bean.getDescription() + "<br>");
            out.println("<span class = 'price1'>" + bean.getPrice() + "元</span>");
            out.println("</td>");
        }
        out.println("</tr>");
        out.println("</table>");
}
%>
</body>
</html>
```

运行程序，界面显示效果如图 5—19 所示。

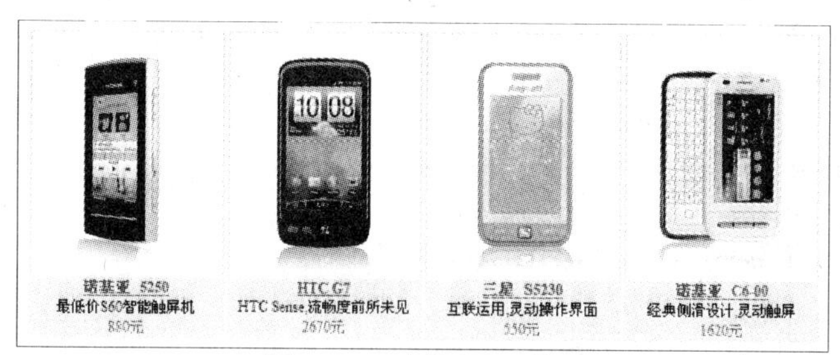

图 5—19　界面显示效果

【教你一招】JavaBean 其实就是一个普通 Java 类。只不过 JavaBean 规范定义了该类有 getter 和 setter 方法，并要实现 Serializable 接口。

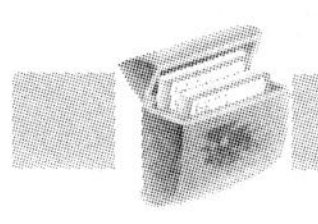

知识拓展

在产品展示界面上，用户通过点击产品名称，查看该产品的详细信息。下面是 predetail. jsp 和 detail. jsp 的实现代码。其中，predetail. jsp 用于查询产品信息，detail. jsp 负责产品信息的显示。

predetail. jsp 的详细代码如下：

```
<%@page import = "product. ProductBean" %>
<%@page import = "java. util. ArrayList" %>
<%@page import = "java. util. List" %>
<%@page import = "java. sql. * " %>
<%@page language = "java" contentType = "text/html; charset = UTF - 8"
    pageEncoding = "UTF - 8" %>
<!DOCTYPE html PUBLIC " - //W3C//DTD HTML 4. 01 Transitional//EN" "http://www. w3. org/TR/html4/
loose. dtd">
<html>
<head>
<meta http - equiv = "Content - Type" content = "text/html; charset = UTF - 8">
<title>Insert title here</title>
</head>
<body>
<%//取得 id 参数值
    String id  =  request. getParameter("id");
    try{
        Class. forName("com. mysql. jdbc. Driver");
        String                          url
"jdbc:mysql://localhost/test?user = root&password = 123456";
```

```
            Connection conn = DriverManager.getConnection(url);
            Statement stmt = conn.createStatement();
            //根据产品 id 查询产品信息
            String sql = "select * from product_info where id =" + id ;
            ResultSet rs = stmt.executeQuery(sql);
            ProductBean bean = new ProductBean();
            //构建产品对象
            if(rs.next())
            {
                bean.setId(rs.getLong("id"));
                bean.setDescription(rs.getString("description"));
                bean.setImage(rs.getString("image"));
                bean.setName(rs.getString("name"));
                bean.setPrice(rs.getInt("price"));
                bean.setIntroduction(rs.getString("introduction"));
            }
            request.setAttribute("product", bean);
        }
        catch(Exception ex)
        {
            ex.printStackTrace();
        }
%>
<jsp:forward page="detail.jsp"></jsp:forward>
</body>
</html>
```

detail.jsp 的详细代码如下：

```
<%@page language="java" contentType="text/html; charset=UTF-8"
    pageEncoding="UTF-8"%>
<!DOCTYPE html PUBLIC "-//W3C//DTD HTML 4.01 Transitional//EN" "http://www.w3.org/TR/html4/
loose.dtd">
<html>
<head>
<meta http-equiv="Content-Type" content="text/html; charset=UTF-8">
<title>产品详细信息</title>
</head>
<body>
<jsp:useBean        id="product"        scope="request"
type="product.ProductBean"></jsp:useBean>
<table width="" border="1">
    <tr>
        <td align="center" colspan="3"><h1>产品详细信息</h1></td>
```

```
    </tr>
    <tr>
        <td>产品编号</td><td><jsp:getProperty name = "product" property = "id"></jsp:getProperty></td><td rowspan = "5"><img src = "<jsp:getProperty name = "product" property = "image"></jsp:getProperty>"></td>
    </tr>
    <tr>
        <td>产品名称</td><td><jsp:getProperty name = "product" property = "name"></jsp:getProperty></td>
    </tr>
    <tr>
        <td>产品描述</td><td><jsp:getProperty name = "product" property = "description"></jsp:getProperty></td>
    </tr>
    <tr>
        <td>产品价格</td><td><jsp:getProperty name = "product" property = "price"></jsp:getProperty>元</td>
    </tr>
    <tr>
        <td>产品介绍</td><td><jsp:getProperty name = "product" property = "introduction"></jsp:getProperty></td>
    </tr>
  </table>
</body>
</html>
```

在 detail.jsp 中，我们使用 JavaBean 相关动作元素<jsp:useBean>和<jsp:getProperty>显示产品对象。运行程序，界面显示效果如图 5—20 所示。

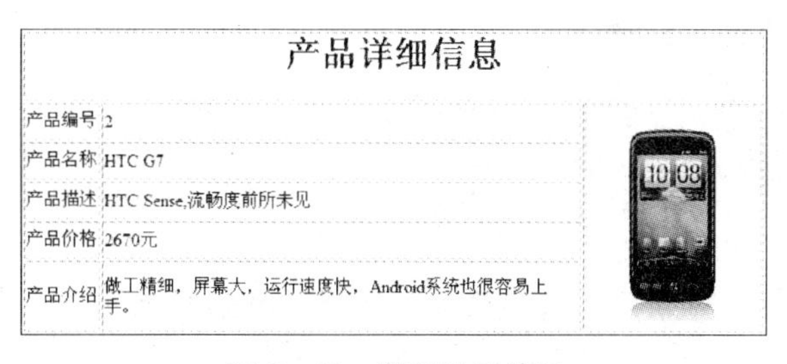

图 5—20　界面显示效果

思考练习

一、简答题

1. 什么是 JavaBean？它必须遵守哪些规范？
2. 在 JSP 中如何引用 JavaBean，设置或者读取 JavaBean 中的属性值？

二、实训题

实现一个产品查询页面，根据产品名称进行查询，界面显示效果如图 5—21 所示。

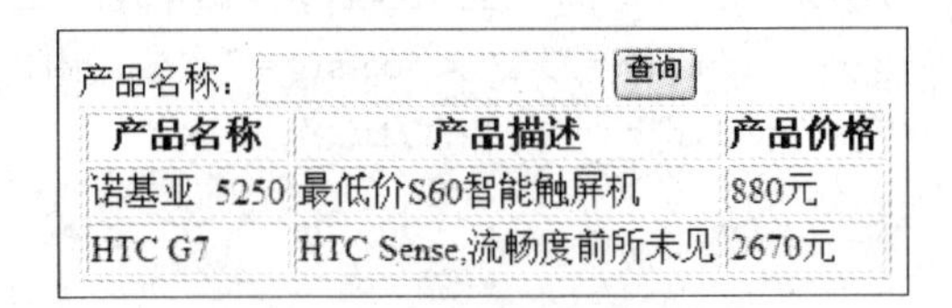

图 5—21 界面显示效果

任务 4 基于 Servlet 技术的控制层

Servlet 本质上就是 Java 类，Servlet 可以针对不同的请求作出不同的响应，可以实现页面的跳转，因此 Servlet 可以充当应用程序的控制层。Servlet 的优点也在于此。

应用场景

在本项目任务 3 的产品展示页面上，我们剥离了业务逻辑和显示逻辑，一定程度上解决了业务逻辑和显示逻辑的耦合问题。但是还存在一些问题，比如查询产品信息的业务逻辑放在了 JSP 中，很难实现业务逻辑的复用。对于一个购物网站而言，查询产品的功能将在很多地方用到，如果每次都需要重新编写，将对代码的维护带来灾难性的后果。考虑到 JavaBean 的特性，我们可以把查询产品的业务逻辑封装成 JavaBean，实现查询逻辑的复用。同时考虑到 Servlet 的特性，我们可以使用 Servlet 作为控制器，负责程序的流程控制。

任务分析

基于以上的分析，对于产品展示页面的实现，我们将采用 JSP＋Servlet＋JavaBean 的方式。

（1）JSP 负责产品展示页面的显示（productDisplay. jsp）。

（2）JavaBean 负责封装业务逻辑，实现实体 Bean（ProductBean. java）和数据库访问 Bean（ProductDB. java）。

（3）Servlet 作为控制器，负责获取用户的请求，调用业务逻辑，根据业务逻辑的返回结果，进行流程控制（ProductServlet. java）。

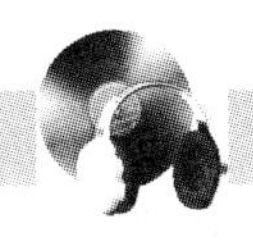

解决方案

1. JSP 开发模式
2. MVC 开发模式

一、JSP 开发模式

使用 JSP 技术开发 WEB 应用程序，有两种架构模型可供选择，通常称为模型 1（Model 1）和模型 2（Model 2）。模型 1 使用 JSP+JavaBean 技术将页面显示和业务逻辑分开，JSP 页面用于界面显示，JavaBean 对象用于承载数据和实现业务逻辑。但是在 JSP 页面中仍然需要编写流程控制语句和调用 JavaBean 代码，业务逻辑复杂时，JSP 编写就变得很复杂，因此模型 1 不能满足大型应用的需求，但可以满足小型应用的需求。模型 1 的架构图如图 5—22 所示。

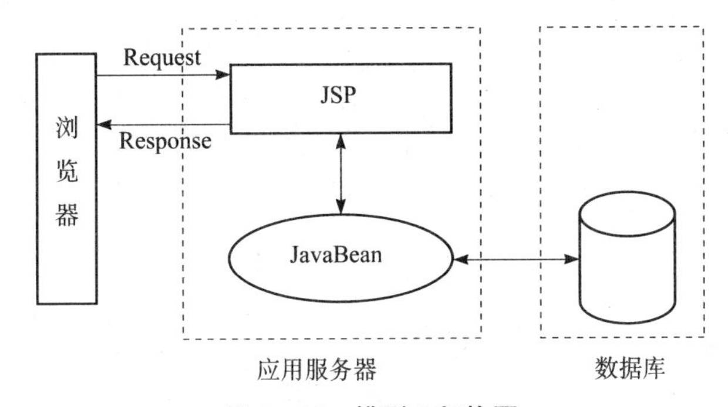

图 5—22 模型 1 架构图

模型 2 在模型 1 的基础上加入了 Servlet 作为控制器，用于处理 WEB 应用程序的流程控制和调用业务逻辑。这就使得页面的显示、业务逻辑和流程的控制很清晰地区分开来。基于模型 2 的 WEB 应用程序开发，更加容易维护和扩展。模型 2 的架构图如图 5—23 所示。

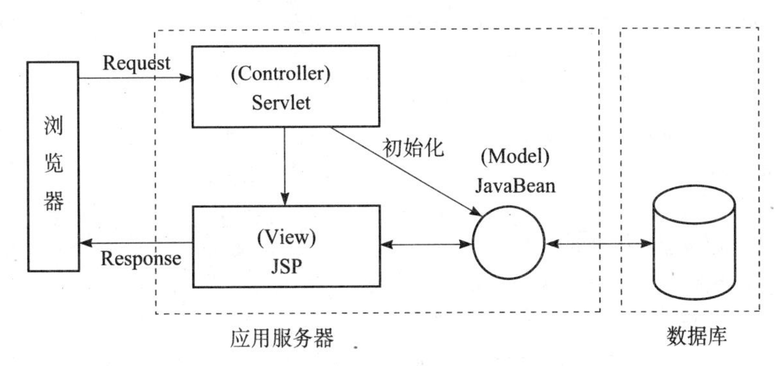

图 5—23 模型 2 架构图

二、MVC 开发模式

MVC 是一个设计模式，是三个单词首字母的缩写，分别为：模型（Model）、视图（View）和控制器（Controller）。它们的含义分别是指：

（1）模型：表示企业数据和业务规则。

（2）视图：是用户看到并与之交互的界面。

（3）控制器：接受用户的输入并调用模型和视图去完成用户的需求。

JSP＋Servlet＋JavaBean 是符合 MVC 设计模式的一种开发方式。其中，JSP 作为视图层为用户提供交互的界面，JavaBean 作为模型层封装实体对象及业务逻辑，Servlet 作为控制层接收各种业务请求，并调用 JavaBean 模型组件对业务逻辑进行处理，是视图与业务逻辑之间的一座桥梁。下面是实现的具体代码。

（1）ProductDB. java 代码如下：

```
package product;
import java. sql. * ;
import java. util. ArrayList;
import java. util. List;

public class ProductDB {
    //查询数据库,以 List 的方式返回
    public List findAll()
    {
        List products = new ArrayList();
        try{
            Class. forName("com. mysql. jdbc. Driver");
            String            url
"jdbc:mysql://localhost/test?user = root&password = 123456";
            //建立数据库连接
            Connection conn = DriverManager. getConnection(url);
            Statement stmt = conn. createStatement();
            String sql = "select * from product_info";
            //执行 SQL 语句,返回结果集
            ResultSet rs = stmt. executeQuery(sql);
            ProductBean bean = null;
            while(rs. next())
            {
                //构建实体 Bean
                bean = new ProductBean();
                bean. setId(rs. getLong("id"));
                bean. setDescription(rs. getString("description"));
                bean. setImage(rs. getString("image"));
```

```
                bean.setName(rs.getString("name"));
                bean.setPrice(rs.getInt("price"));
                products.add(bean);
            }
        }
        catch(Exception ex)
        {
            ex.printStackTrace();
        }
        return products;
    }
}
```

（2）ProductServlet.java 代码如下：

```
package product;
import java.io.IOException;
import java.util.List;
import javax.servlet.ServletException;
import javax.servlet.http.HttpServlet;
import javax.servlet.http.HttpServletRequest;
import javax.servlet.http.HttpServletResponse;

public class ProductServlet extends HttpServlet {
  protected void doGet(HttpServletRequest req, HttpServletResponse resp)
          throws ServletException, IOException {
        ProductDB pdb = new ProductDB();
        //执行数据库操作,查找所有的产品信息
        List products = pdb.findAll();
        req.setAttribute("products", products);
        //程序流转到显示层
        req.getRequestDispatcher("productDisplay.jsp").forward(req, resp);
  }
}
```

此 ProductServlet 调用 JavaBean 查询出所有的产品信息，然后把产品信息放入 request对象，程序流转到 productDisplay.jsp。在这一过程中，完全由 Servlet 对业务请求进行控制，当业务逻辑发生改变使得 JavaBean 对象不符合要求时，只需改变相应的 JavaBean 方法或创建一个新的方法即可，大大提高了程序的可扩展性及可维护性。将 Servlet 加入部署描述文件 WEB.xml：

```
<?xml version="1.0" encoding="UTF-8"?>
<web-app    xmlns:xsi="http://www.w3.org/2001/XMLSchema-instance" xmlns="http://java.sun.com/xml/ns/javaee" xmlns:web="http://java.sun.com/xml/ns/javaee/web-app_2_5.xsd"
```

```
xsi: schemaLocation = " http://java.sun.com/xml/ns/javaee http://java.sun.com/xml/ns/javaee/web-app_2_5.xsd" id = "WebApp_ID" version = "2.5">
  <display-name>ch05</display-name>
  <welcome-file-list>
    <welcome-file>index.html</welcome-file>
    <welcome-file>index.htm</welcome-file>
    <welcome-file>index.jsp</welcome-file>
    <welcome-file>default.html</welcome-file>
    <welcome-file>default.htm</welcome-file>
    <welcome-file>default.jsp</welcome-file>
  </welcome-file-list>
  <servlet>
    <servlet-name>product</servlet-name>
    <servlet-class>product.ProductServlet</servlet-class>
  </servlet>
  <servlet-mapping>
    <servlet-name>product</servlet-name>
    <url-pattern>/product</url-pattern>
  </servlet-mapping>
</web-app>
```

（3）productDisplay.jsp 代码如下：

```
<%@page import = "product.ProductBean" %>
<%@page import = "java.util.ArrayList" %>
<%@page import = "java.util.List" %>
<%@page language = "java" contentType = "text/html; charset = UTF-8"
      pageEncoding = "UTF-8" %>
<!DOCTYPE html PUBLIC "-//W3C//DTD HTML 4.01 Transitional//EN" "http://www.w3.org/TR/html4/loose.dtd">
<html>
<head>
<meta http-equiv = "Content-Type" content = "text/html; charset = UTF-8">
<title>显示产品</title>
<style type = text/css>
<!--
.title1 {
  font-size: 12px;
  color: blue;
  font-weight: bold
}
table {
  font-size: 12px
}
.td1 {
  line-height: 16px
```

```
}
.price1 {
  color: red
}
-->
</style>
</head>
<body>
<%
List products = (ArrayList)request.getAttribute("products");
ProductBean bean = null;
if(products! = null)
{
  out.println("<table border='0'>");
     out.println("<tr>");
     for(int i = 0; i<products.size(); i + +)
     {
         bean = (ProductBean)products.get(i);
         out.println("<td align='center' bgcolor='#F4F4F4'>");
         out.println("<img border='0' src='" + bean.getImage() + "' width='159px' height='
199px'><br>");
         out.println("<a href='detail? id = " + bean.getId() + "' class='title1'>" +
bean.getName() + "</a><br>");
         out.println(bean.getDescription() + "<br>");
         out.println("<span class='price1'>" + bean.getPrice() + "元</span>");
         out.println("</td>");
     }
     out.println("</tr>");
     out.println("</table>");
}
%>
</body>
</html>
```

（4）productDisplay.jsp 的实现请参见本项目任务 3，访问 Servlet，程序显示效果如图 5—24 所示。

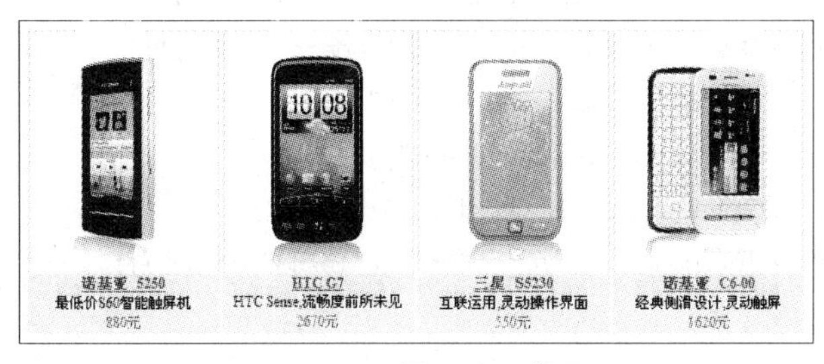

图 5—24 界面显示效果

【教你一招】设计模式（Design pattern）是一套被反复使用、多数人知晓的、经过分类编目的代码设计经验总结。使用设计模式是为了可重用代码，让代码更容易被他人理解，保证代码的可靠性。基本的设计模式主要有23种，被称为GOF23。

知识拓展

接下来我们使用JSP＋Servlet＋JavaBean的方式实现查看产品详细信息功能。用户在产品展示界面上点击产品名称，进入产品的详细信息界面，程序需要通过产品的id来查询某个产品信息，所以在ProductDB中添加一个方法：

```
//根据产品编号查询产品信息
    public ProductBean findById(String id)
      {
        ProductBean bean = null;
        try{
            Class.forName("com.mysql.jdbc.Driver");
            String                    url
"jdbc:mysql://localhost/test?user = root&password = 123456";
            //建立数据库连接
            Connection conn = DriverManager.getConnection(url);
            Statement stmt = conn.createStatement();
            String sql = "select * from product_info where id = " + id;
            //执行SQL语句,返回结果集
            ResultSet rs = stmt.executeQuery(sql);
            bean = new ProductBean();
            if(rs.next())
            {
              //构建实体Bean
              bean.setId(rs.getLong("id"));
              bean.setDescription(rs.getString("description"));
              bean.setImage(rs.getString("image"));
              bean.setName(rs.getString("name"));
              bean.setPrice(rs.getInt("price"));
              bean.setIntroduction(rs.getString("introduction"));
            }
        }
        catch(Exception ex)
```

```
        {
            ex.printStackTrace();
        }
        return bean;
    }

DetailServlet
package product;
import java.io.IOException;
import javax.servlet.ServletException;
import javax.servlet.http.HttpServlet;
import javax.servlet.http.HttpServletRequest;
import javax.servlet.http.HttpServletResponse;
public class DetailServlet extends HttpServlet {

protected void doGet(HttpServletRequest req, HttpServletResponse resp)
        throws ServletException, IOException {
    String id = req.getParameter("id");
    ProductDB pdb = new ProductDB();
    //执行数据库操作,根据 id 查找产品信息
    ProductBean product = pdb.findById(id);
    req.setAttribute("product", product);
    //程序流转到显示层
    req.getRequestDispatcher("detail.jsp").forward(req, resp);
  }
}
```

在 WEB.xml 中加入下列配置信息：

```
<servlet>
    <servlet-name>detail</servlet-name>
    <servlet-class>product.DetailServlet</servlet-class>
</servlet>
<servlet-mapping>
    <servlet-name>detail</servlet-name>
    <url-pattern>/detail</url-pattern>
</servlet-mapping>
```

detail.jsp 的实现参考本项目任务 3，程序运行显示效果如图 5—25 所示。从上面实现的代码中可以看到，用 JSP＋Servlet＋JavaBean 的方式开发应用程序更加灵活，程序代码的复用性也更优。

产品详细信息

产品编号	2 
产品名称	HTC G7
产品描述	HTC Sense,流畅度前所未见
产品价格	2670元
产品介绍	做工精细，屏幕大，运行速度快，Android系统也很容易上手。

图 5—25 界面显示效果

思考练习

一、简答题

1. 什么是 MVC 设计模式？该设计模式有哪些优点？

2. JSP＋Servlet＋JavaBean 的开发方式是如何实现 MVC 设计模式的？

二、实训题

使用 JSP＋Servlet＋JavaBean 的方式实现一个产品查询页面，根据产品名称进行查询，界面如图 5—26 所示，并与本项目任务 3 的实现方式进行比较，说明其优缺点。

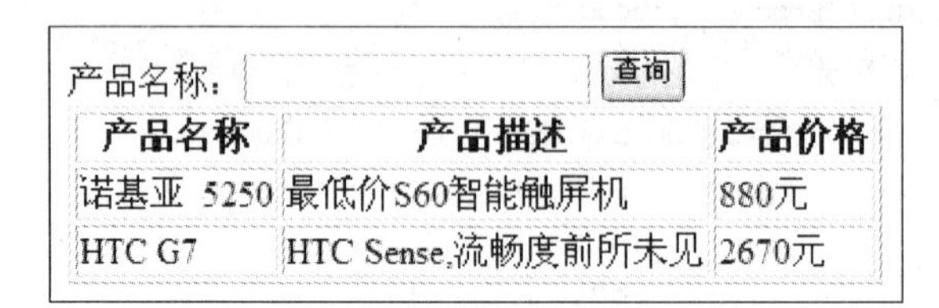

产品名称： 查询

产品名称	产品描述	产品价格
诺基亚 5250	最低价S60智能触屏机	880元
HTC G7	HTC Sense,流畅度前所未见	2670元

图 5—26 界面显示效果

综合实训

在本项目中，我们详细介绍了商品展示界面的实现，了解了 MVC 设计模式，以及 JSP＋Servlet＋JavaBean 实现 MVC 的方式。在本综合实训中，将使用 JSP＋Servlet＋JavaBean 实现产品管理功能，包括产品的查询、修改和删除。查询界面效果如图 5—27 所示。用户可以根据产品名称进行查询，查询之后点击修改链接之后进入如图 5—28 所示的产品信息修改界面。用户也可以点击查询界面上的删除链接，删除对应的产品。

产品名称：
查询
产品名称
产品描述
产品价格
诺基亚 5250
最低价S60智能触屏机
880元
修改 删除
HTC G7
HTC Sense,流畅度前所未见
2670元
修改 删除

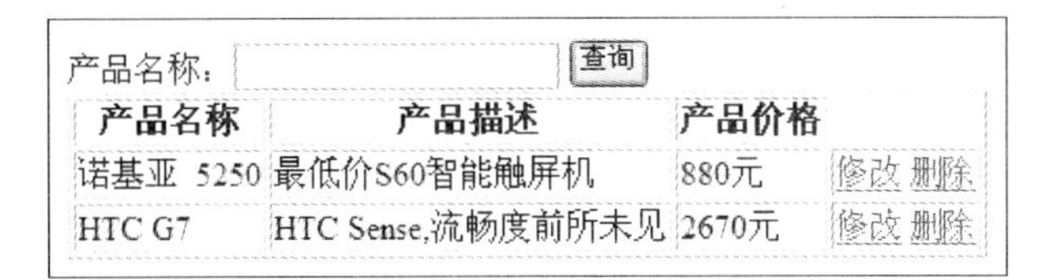

图 5—27 查询界面显示效果

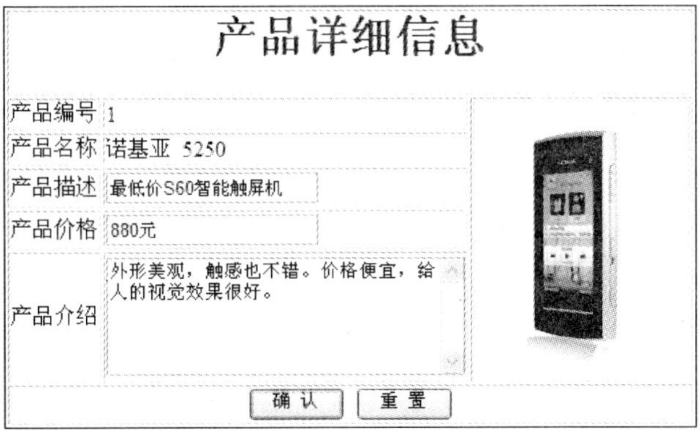

产品详细信息
产品编号
1
产品名称
诺基亚 5250
产品描述
最低价S60智能触屏机
产品价格
880元
产品介绍
外形美观，触感也不错。价格便宜，给人的视觉效果很好。
确 认
重 置

图 5—28 产品信息修改界面显示效果

项目六

KMS项目开发

经过前几个项目的沉淀，接包方SISO公司积累了开发项目所需的大量技能，因此知识管理系统（KMS）就正式进入了开发阶段。在KMS的项目开发中，从项目的分析设计入手，运用MVC模式进行开发。

任务1 项目介绍

经过前几个项目的成功开发，接包方 SISO 公司又接到了发包方 SZITO 公司外包的知识管理系统（KMS）开发项目，发包方要求把所有做过的项目和从合作企业移交过来的成功项目案例按照定义好的组织方式存到 KMS 系统中，用户可以通过系统以不同的权限方便地通过有关属性组合检索到自己需要的项目全部或者部分内容，为当前的项目设计与开发工作提供最佳实践的参考。

应用场景

知识管理系统（KMS）主要有两大模块，即项目管理和用户管理。项目管理系统用于添加、删除、修改和查询项目信息，并且提供批量导入功能。用户管理模块用于添加、删除、修改和查询用户信息，并且提供批量导入功能。知识管理系统提供四种不同角色的用户：管理员、实训项目导师组长（PSL）、实训项目导师（PS）和学生。每种角色的用户具有不同的权限：管理员可以增加、删除、修改、查询所有用户的账户信息以及增加、删除、修改、查询和下载所有项目的信息，PSL 可以增加、删除、修改、查询和下载所有项目的信息，PS 可以查询和下载所有项目的信息，学生可以查询所有项目的信息。

各模块的功能结构图如图 6—1 和图 6—2 所示。

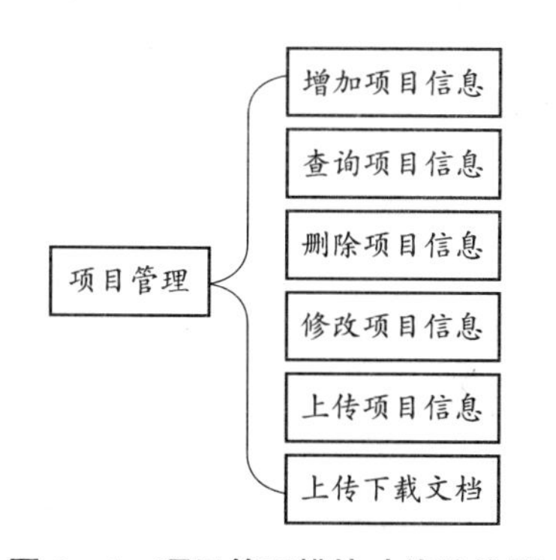

图 6—1 项目管理模块功能结构图

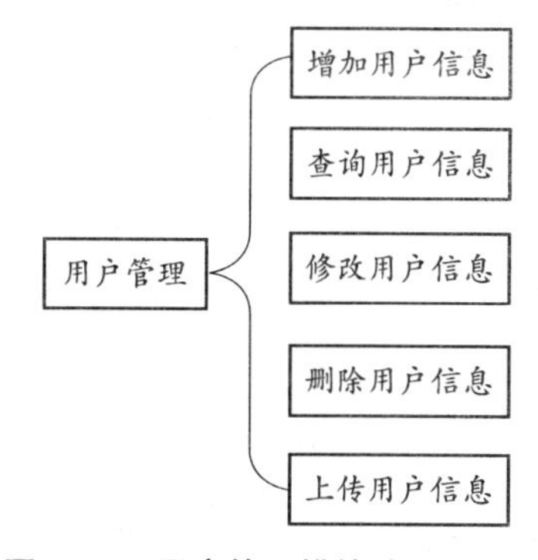

图 6—2 用户管理模块功能结构图

任务分析

从功能看，知识管理系统主要涉及数据库的增加、删除、修改、查询操作，可以使用 JavaBean 封装数据库操作，所有的业务实体使用实体 Bean 封装，便于复用。页面的显示可以使用 JSP，而对于流程的控制，可以使用 Servlet。

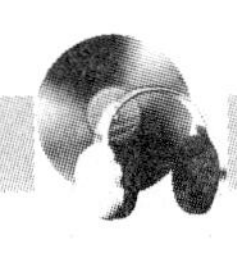

解决方案

1. JSP 开发模型 1
2. JSP 开发模型 2

使用 JSP 技术开发 WEB 应用程序，有两种架构模型可供选择，通常称为模型 1（Model 1）和模型 2（Model 2）。

一、JSP 开发模型 1

Model 1 使用 JSP+JavaBean 技术将页面显示和业务逻辑分开，JSP 页面用于界面显示，JavaBean 对象用于承载数据和实现业务逻辑。但是在 JSP 页面中仍然需要编写流程控制语句和调用 JavaBean 代码，业务逻辑复杂时，JSP 编写就变得很复杂，因此 Model 1 不能满足大型应用的需求，但可以满足小型应用的需求。

二、JSP 开发模型 2

Model 2 在 Model 1 的基础上加入了 Servlet 作为控制器，用于处理 WEB 应用程序的流程控制和调用业务逻辑。这就使得页面的显示、业务逻辑和流程的控制很清晰地区分开。基于 Model 2 的 WEB 应用程序开发，更加容易维护和扩展。

Model 2 是符合 MVC 设计模式的一种开发方式。本项目采用 Model 2 作为项目的基础架构，将使得程序更加容易维护。

思考练习

简答题

为什么 JSP 开发模型 2 比 JSP 开发模型 1 更适合开发较大型的系统？

任务 2　程序实现

选择了 MVC 模型作为本项目的开发模式，接下来我们要对每一部分分别进行开发。由于本项目的业务逻辑非常简单，因此没有定义相关的业务接口及业务实现类，而是把业务方法和持久化方法放入了同一个类中来减少接口及实现类的数目。这样做的好处是对于学生来说条理更加清晰，但是缺点是不够规范。

应用场景

要实现 KMS 网站的正常功能，如登入登出、项目信息查询、用户信息查询等。

任务分析

在模型层我们开发了若干JavaBean类和若干DAO Data Access Object即数据访问对象类，其中JavaBean作为数据的承载体，负责把一组有逻辑的数据从一个层传到另一个层。由于本项目的业务逻辑简单，因此没有定义相关的业务接口和数据持久化接口，而是在DAO类中负责实现相关业务逻辑，并将数据进行持久化操作。控制层开发了若干Servlet来实现，这些Servlet获取用户数据，调用模型层中的业务类实现业务逻辑并进行持久化操作。展示层中利用JSP获得模型层中的数据并进行展示。

解决方案

1. 分析与设计
2. 模型层的实现
3. 控制层的实现
4. 展示层的实现

一、分析与设计

1. WEB站点图设计

如图6—3所示，整个WEB站点由用户管理和项目管理两大模块组成，每个管理模块中均有增加、删除、修改、查询功能，项目管理中还有上传、下载功能。

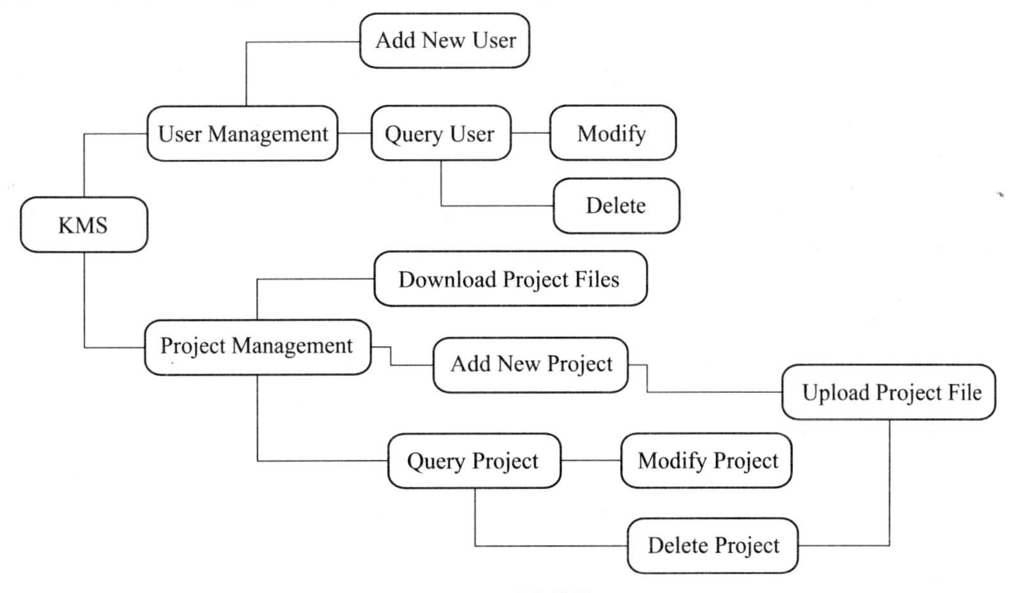

图6—3 站点模块图

2. 数据库设计

对于最关键的用户信息、项目信息，设计了数据库的 E-R 图，如图 6—4 所示。

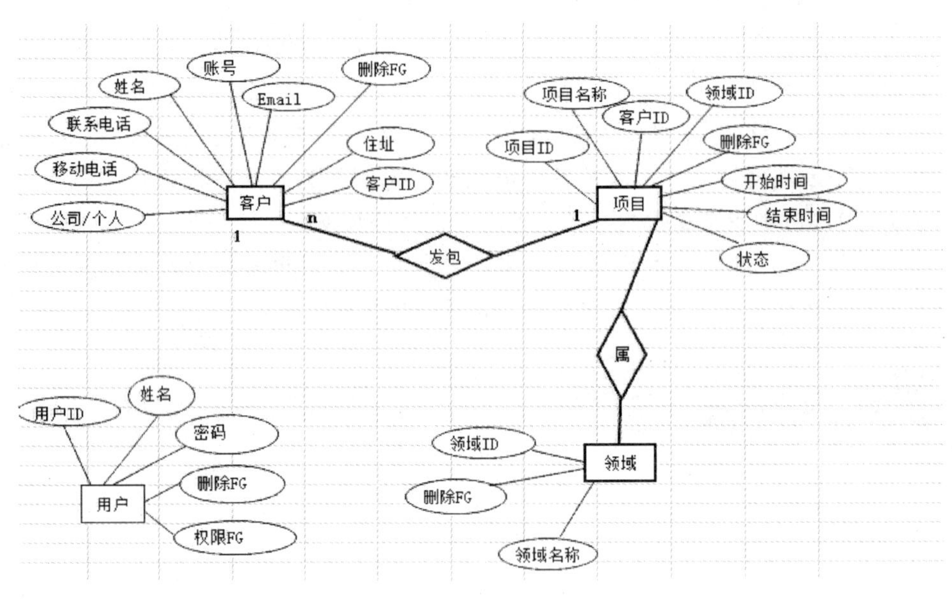

图 6—4　系统 E-R 图

系统表结构如表 6—1 所示。

表 6—1　系统表结构

逻辑表名	物理表名	项目编号	项目名称	字段名
客户信息	CUSTOMER _ INFO	1	客户 ID	CUSTOMER _ ID
		2	姓名	NAME
		3	移动电话	CELL _ PHONE
		4	联系电话	CONTACT _ TEL
		5	住址	ADDRESS
		6	客户职位	CUSTOMER _ KIND
		7	银行账号	BANK _ ACCOUNT
		8	删除 FG	DELETE _ FLAG
		9	电子邮件	EMAIL
项目信息	PROJECT _ INFO	1	项目代码	PROJECT _ ID
		2	项目名称	PROJECT _ NAME
		3	领域 ID	PROJECT _ AREA _ ID
		4	客户 ID	CUSTOMER _ ID

续前表

逻辑表名	物理表名	项目编号	项目名称	字段名
项目信息	PROJECT_INFO	5	项目经理	PM
		6	预计开始日期ESI	START_DATE
		7	预计结束日期ESI	END_DATE
			实际开始日期	ACT_START_DATE
		8	实际结束日期	ACT_END_DATE
		9	总工作量	EFFORT
		10	项目总人数	MAN_HEAD
		11	备注	REMARKS
		12	删除标记	DELETE_FLAG
项目领域	PROJECT_AREA	1	领域代码	PROJECT_AREA_ID
		2	领域名称	AREA_NAME
		3	删除FG	DELETE_FLAG
用户信息	USER_INFO	1	用户ID	USER_ID
		2	用户姓名	USER_NAME
		3	用户密码	PASSWORD
		4	用户权限	ADMIN_FLAG
		5	删除FG	DELETE_FLAG
用户角色	ROLE_INFO	1	ID	ID
		2	角色名称	NAME
项目导师	TUTOR_INFO	1	ID	ID
		2	导师名称	NAME
数据库类型	DATABASETYPE	1	ID	ID
		2	数据库名称	NAME
外包类型	OUTSOURCING-TYPE	1	ID	ID
		2	外包类型名称	NAME
项目类型	PRO_TYPE	1	ID	ID
		2	项目类型名称	NAME
开发语言	TECH_LANG	1	ID	ID
		2	开发语言名称	NAME
配置管理工具	CMTOOLS	1	ID	ID
		2	工具名称	NAME
项目领域	DOMAIN	1	ID	ID
		2	领域名称	NAME

3. 系统功能模块设计

（1）系统登录设计。流程图及类图如图6—5所示。

（2）用户添加设计。流程图及类图如图6—6所示。

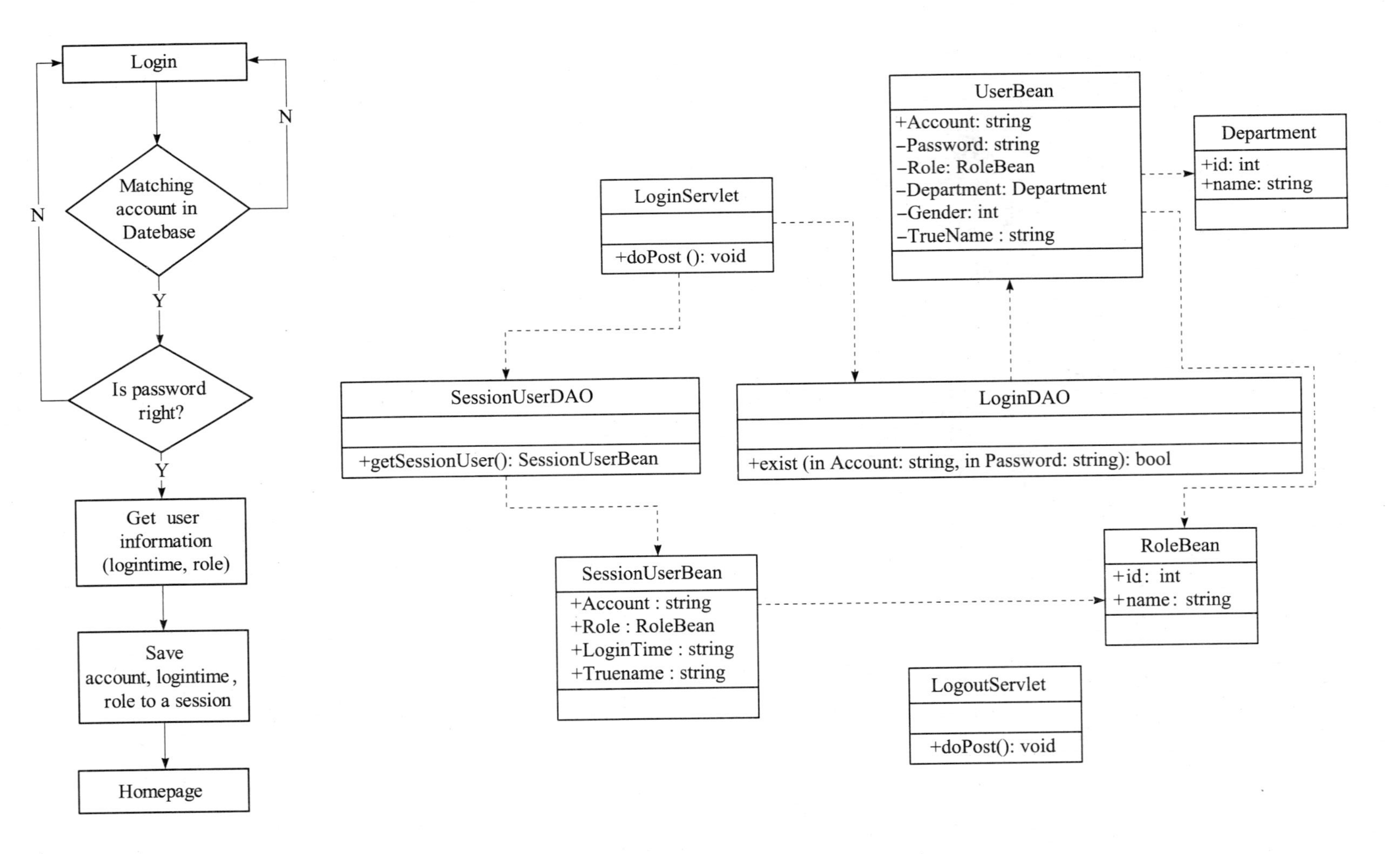

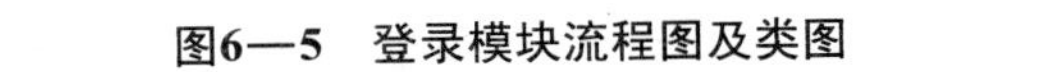
图6—5 登录模块流程图及类图

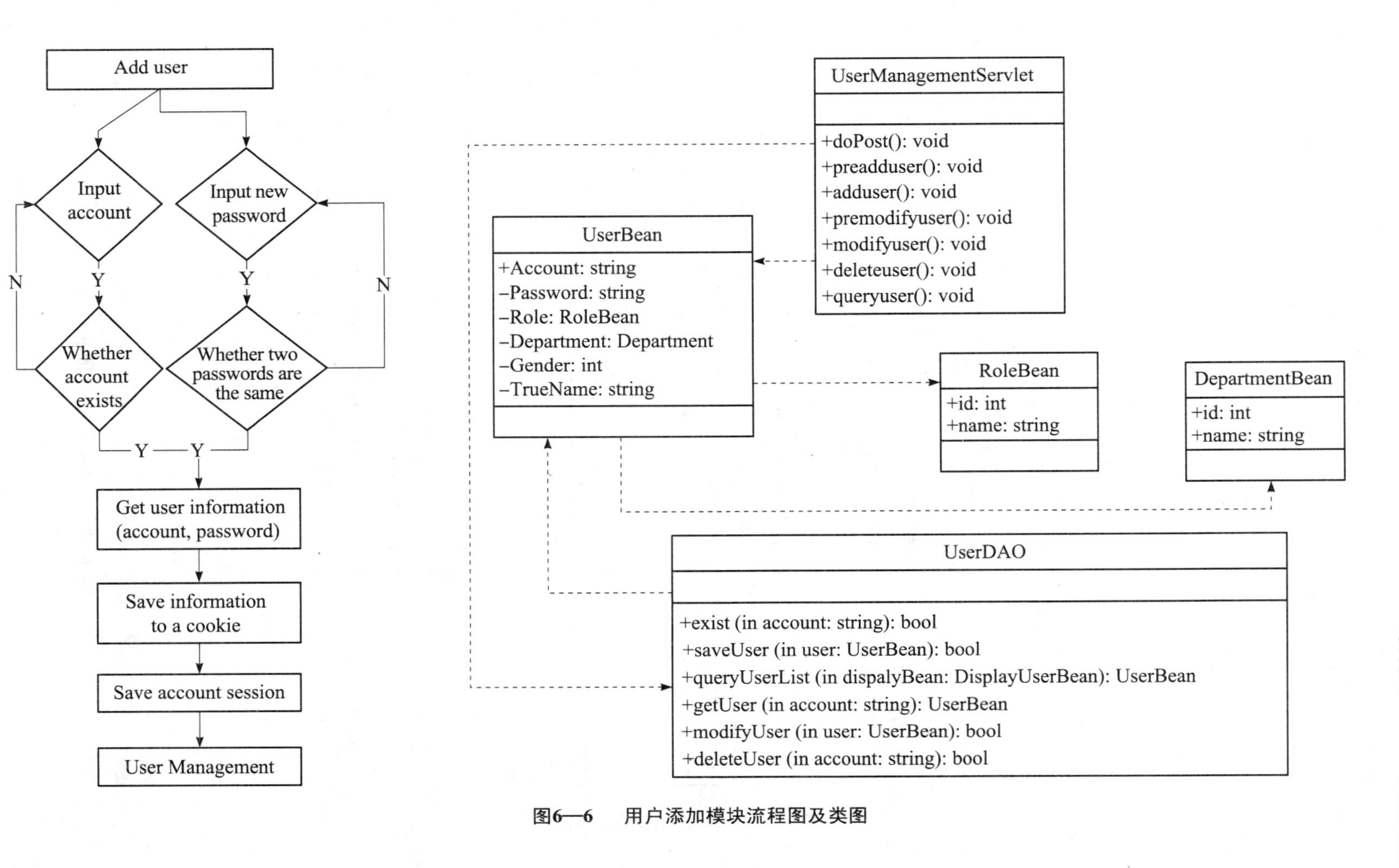

图6—6 用户添加模块流程图及类图

（3）用户删除设计。流程图及类图如图 6—7 所示。

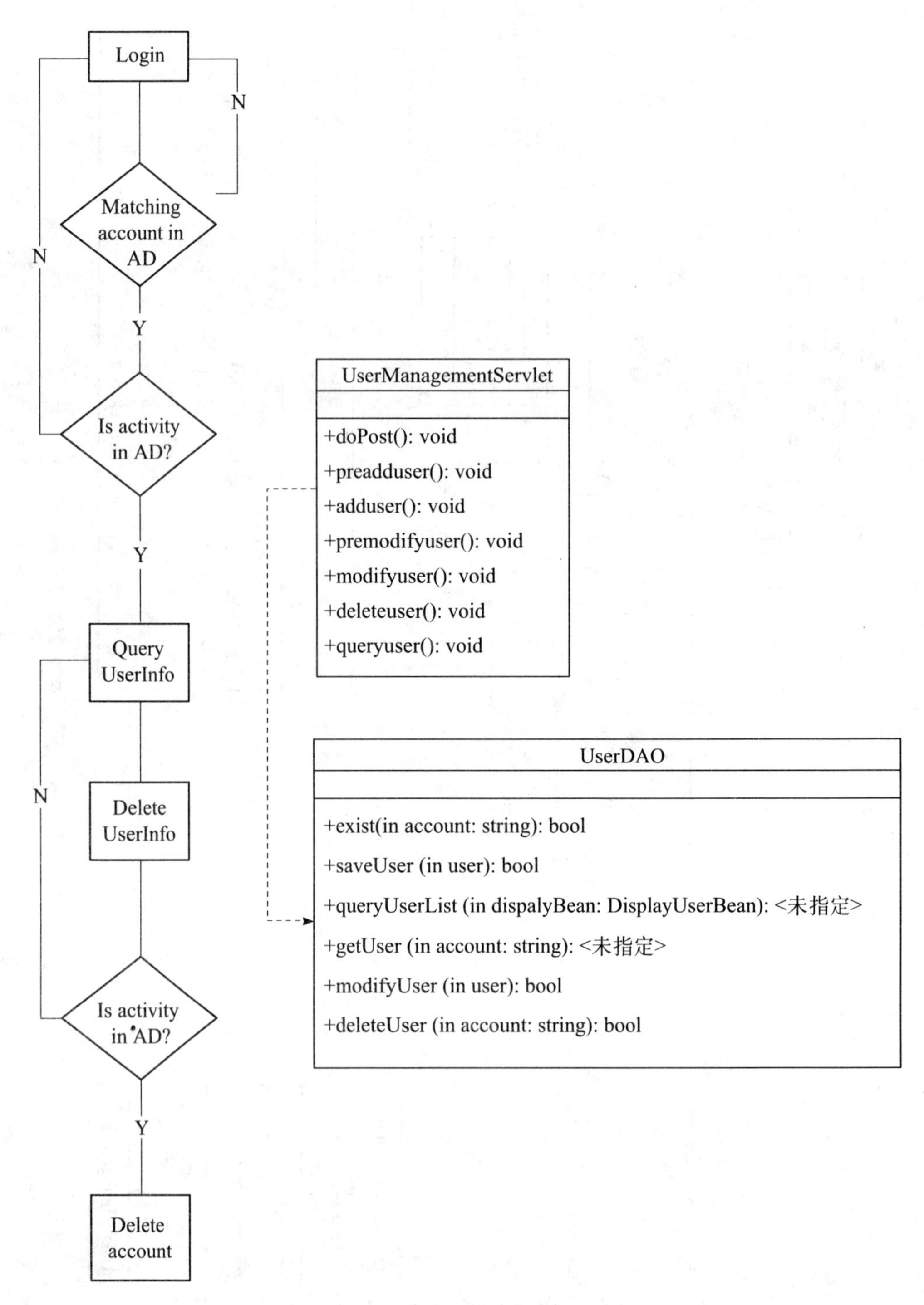

图 6—7　用户删除模块流程图及类图

（4）用户信息的修改设计。流程图及类图如图 6—8 所示。

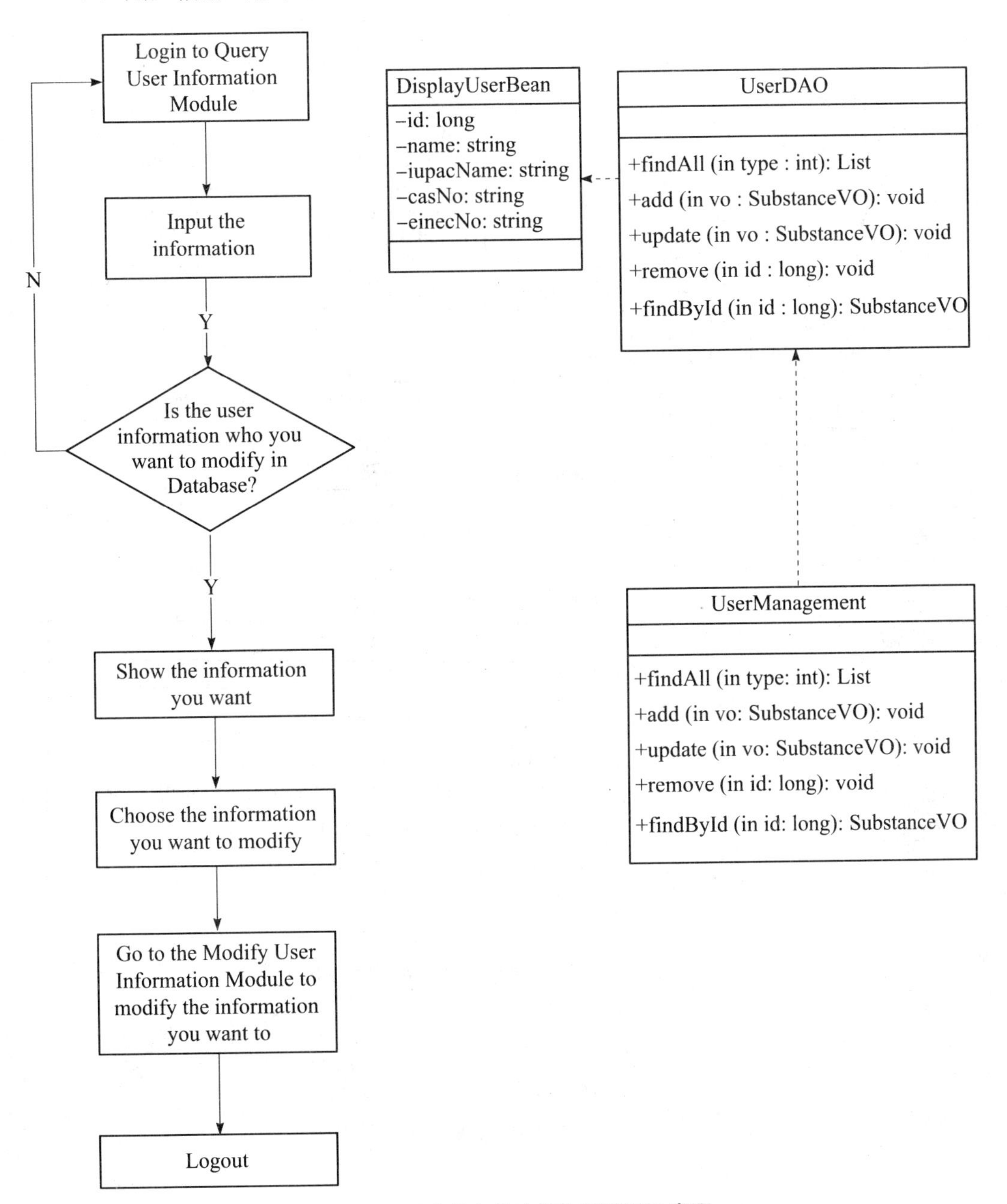

图 6—8　用户信息修改模块流程图及类图

（5）用户信息的查询设计。流程图及类图如图 6—9 所示。

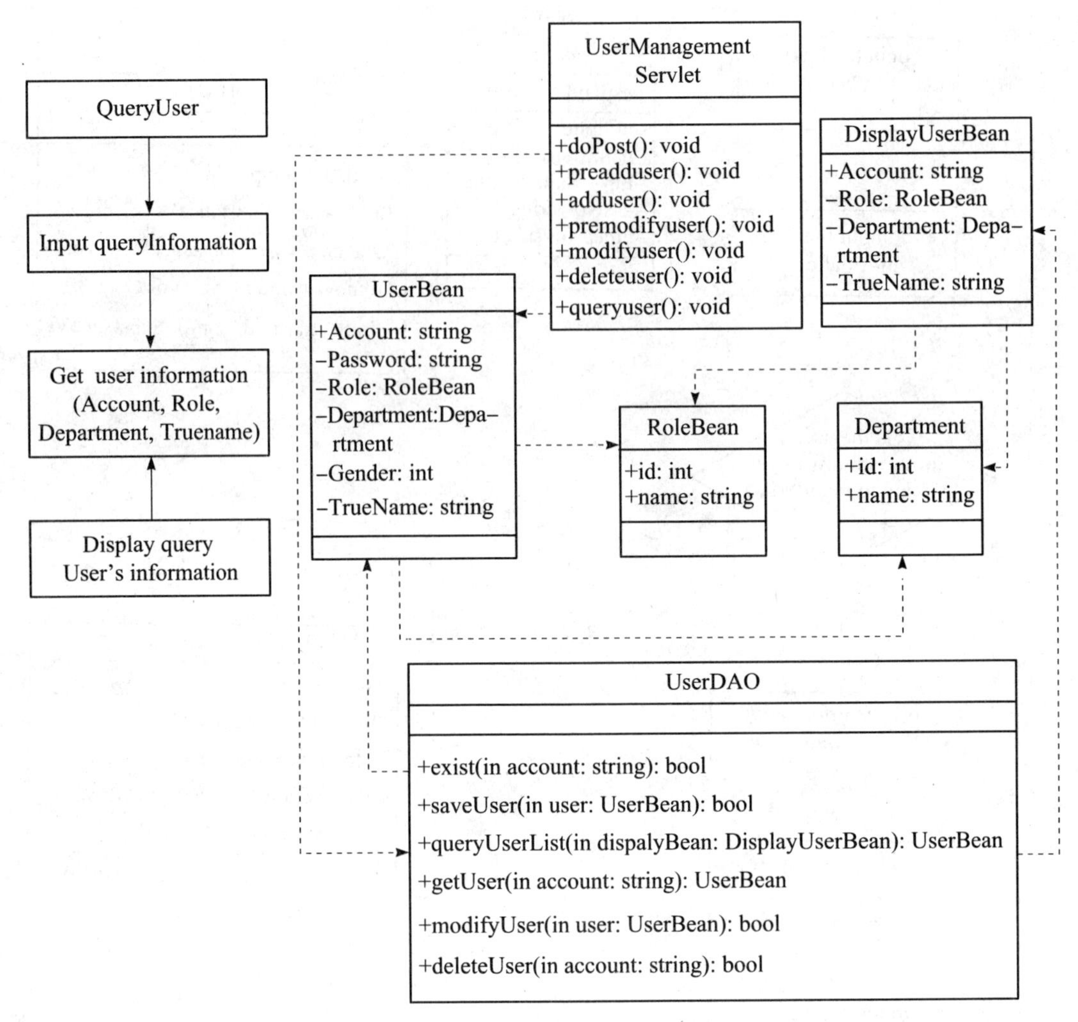

图 6—9　用户信息查询模块流程图及类图

（6）项目信息增加设计。流程图如图6—10所示，类图如图6—11所示。

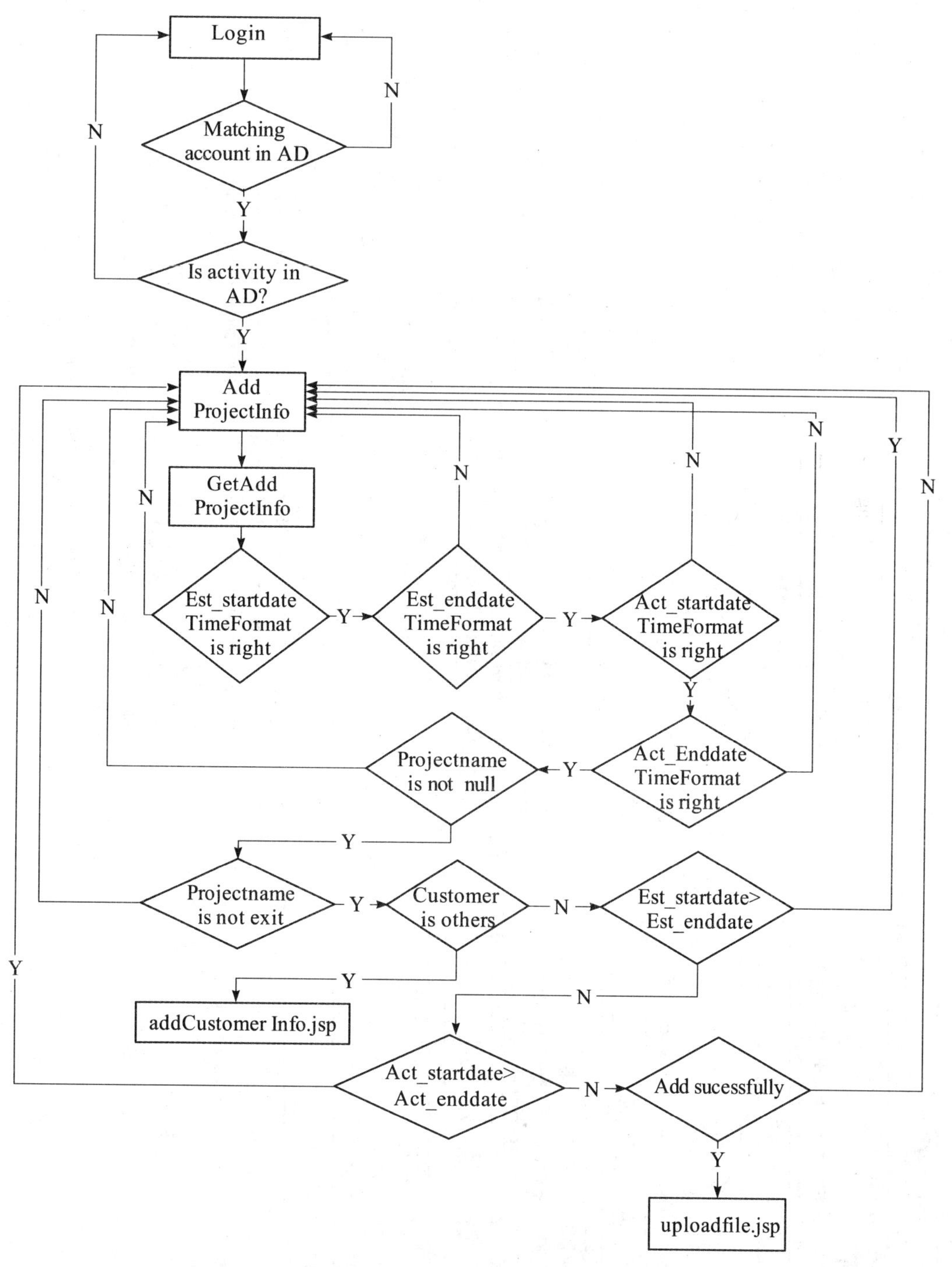

图6—10　项目信息增加模块流程图

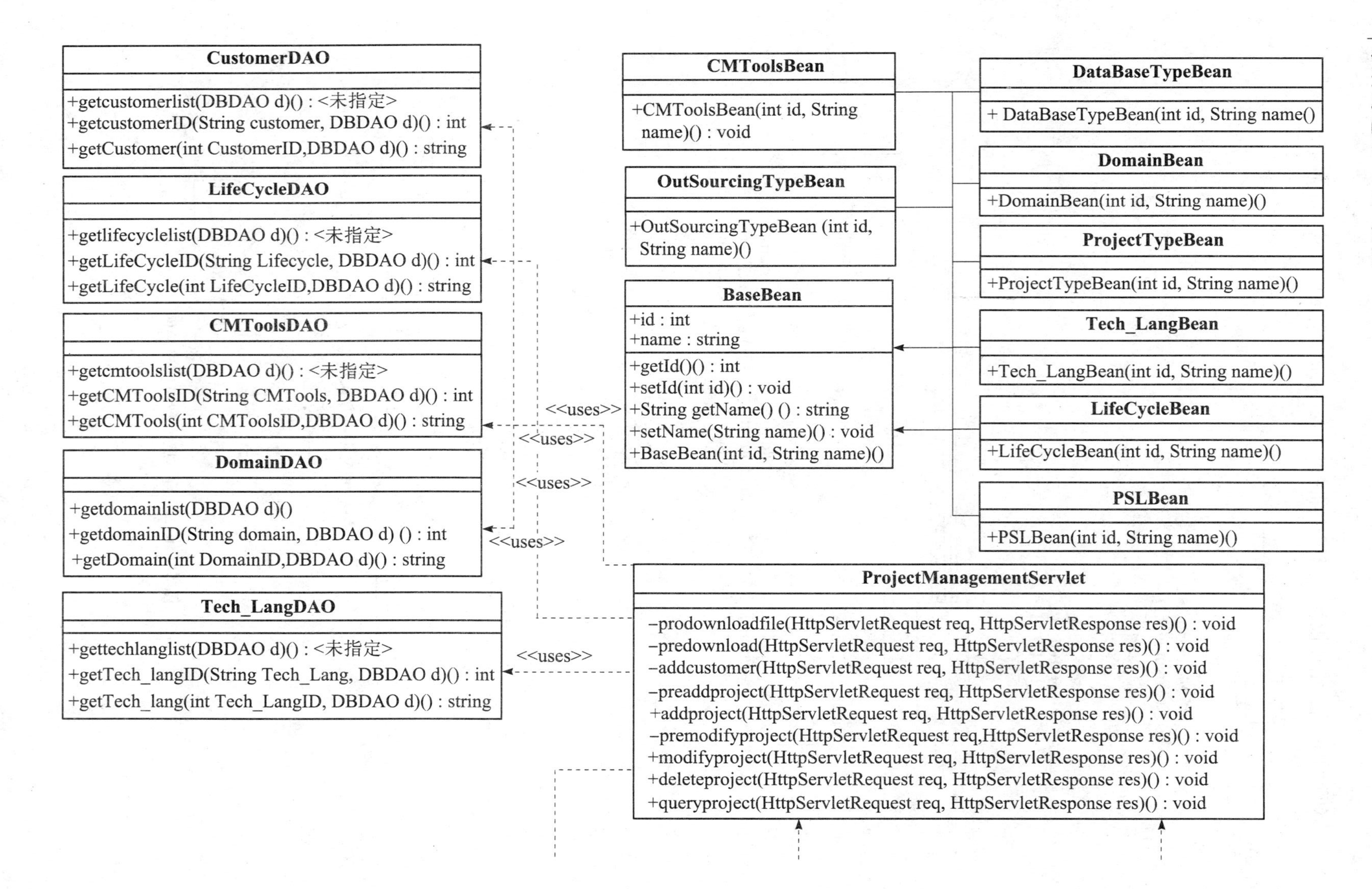
CustomerDAO
+getcustomerlist(DBDAO d)() : <未指定>
+getcustomerID(String customer, DBDAO d)() : int
+getCustomer(int CustomerID,DBDAO d)() : string
LifeCycleDAO
+getlifecyclelist(DBDAO d)() : <未指定>
+getLifeCycleID(String Lifecycle, DBDAO d)() : int
+getLifeCycle(int LifeCycleID,DBDAO d)() : string
CMToolsDAO
+getcmtoolslist(DBDAO d)() : <未指定>
+getCMToolsID(String CMTools, DBDAO d)() : int
+getCMTools(int CMToolsID,DBDAO d)() : string
DomainDAO
+getdomainlist(DBDAO d)()
+getdomainID(String domain, DBDAO d) () : int
+getDomain(int DomainID,DBDAO d)() : string
Tech_LangDAO
+gettechlanglist(DBDAO d)() : <未指定>
+getTech_langID(String Tech_Lang, DBDAO d)() : int
+getTech_lang(int Tech_LangID, DBDAO d)() : string
<<uses>>
<<uses>>
<<uses>>
<<uses>>
<<uses>>
CMToolsBean
+CMToolsBean(int id, String name)() : void
OutSourcingTypeBean
+OutSourcingTypeBean (int id, String name)()
BaseBean
+id : int
+name : string
+getId()() : int
+setId(int id)() : void
+String getName() () : string
+setName(String name)() : void
+BaseBean(int id, String name)()
DataBaseTypeBean
+ DataBaseTypeBean(int id, String name()
DomainBean
+DomainBean(int id, String name)()
ProjectTypeBean
+ProjectTypeBean(int id, String name)()
Tech_LangBean
+Tech_LangBean(int id, String name)()
LifeCycleBean
+LifeCycleBean(int id, String name)()
PSLBean
+PSLBean(int id, String name)()
ProjectManagementServlet
-prodownloadfile(HttpServletRequest req, HttpServletResponse res)() : void
-predownload(HttpServletRequest req, HttpServletResponse res)() : void
-addcustomer(HttpServletRequest req, HttpServletResponse res)() : void
-preaddproject(HttpServletRequest req, HttpServletResponse res)() : void
+addproject(HttpServletRequest req, HttpServletResponse res)() : void
-premodifyproject(HttpServletRequest req,HttpServletResponse res)() : void
+modifyproject(HttpServletRequest req, HttpServletResponse res)() : void
+deleteproject(HttpServletRequest req, HttpServletResponse res)() : void
+queryproject(HttpServletRequest req, HttpServletResponse res)() : void

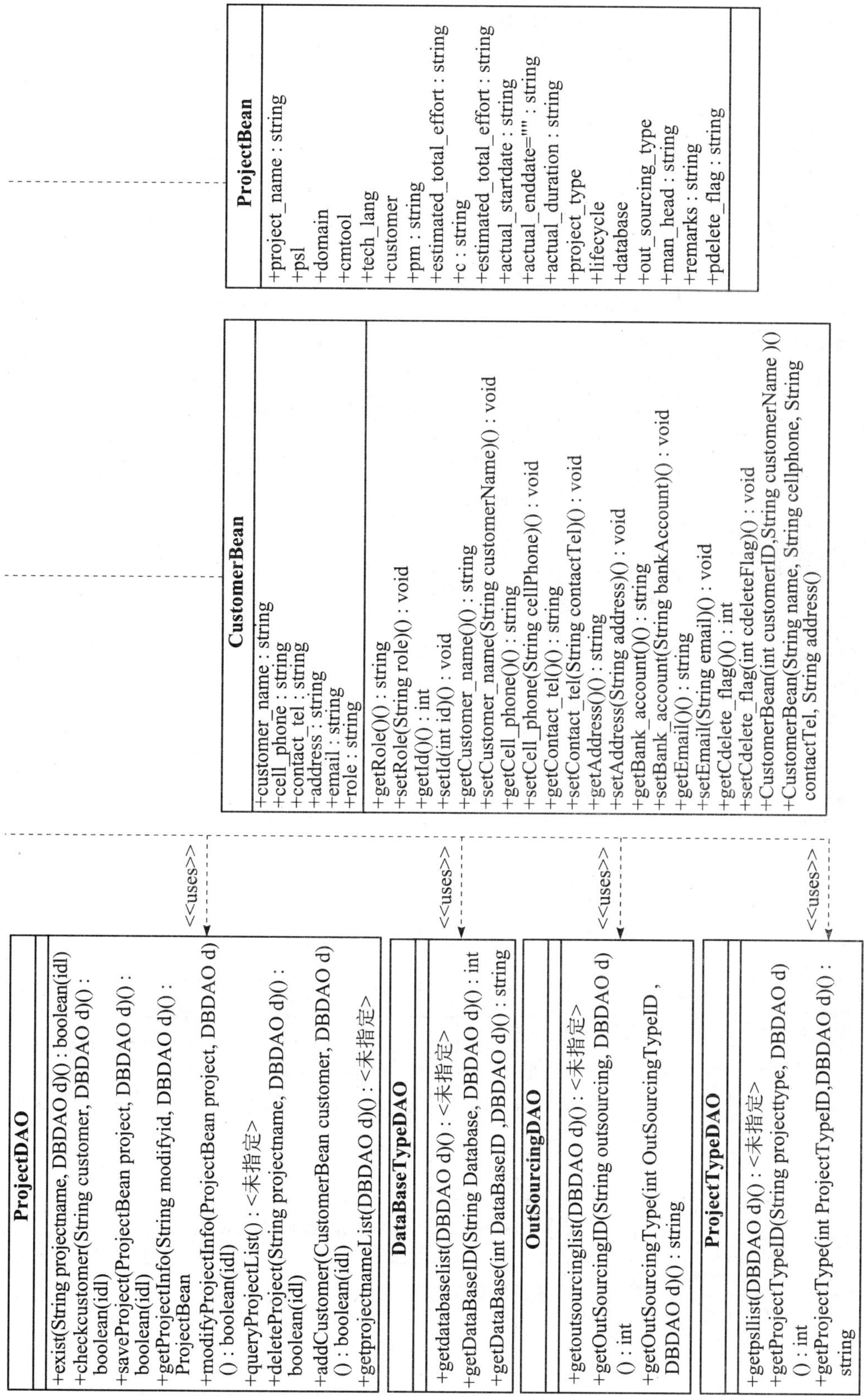

ProjectDAO

+exist(String projectname, DBDAO d)() : boolean(idl)
+checkcustomer(String customer, DBDAO d)() : boolean(idl)
+saveProject(ProjectBean project, DBDAO d)() : boolean(idl)
+getProjectInfo(String modifyid, DBDAO d)() : ProjectBean
+modifyProjectInfo(ProjectBean project, DBDAO d)() : boolean(idl)
+queryProjectList() : <未指定>
+deleteProject(String projectname, DBDAO d)() : boolean(idl)
+addCustomer(CustomerBean customer, DBDAO d)() : boolean(idl)
+getprojectnameList(DBDAO d)() : <未指定>

DataBaseTypeDAO

+getdatabaselist(DBDAO d)() : <未指定>
+getDataBaseID(String Database, DBDAO d)() : int
+getDataBase(int DataBaseID ,DBDAO d)() : string

OutSourcingDAO

+getoutsourcinglist(DBDAO d)() : <未指定>
+getOutSourcingID(String outsourcing, DBDAO d)() : int
+getOutSourcingType(int OutSourcingTypeID , DBDAO d)() : string

ProjectTypeDAO

+getpsllist(DBDAO d)() : <未指定>
+getProjectTypeID(String projecttype, DBDAO d)() : int
+getProjectType(int ProjectTypeID,DBDAO d)() : string

<<uses>>
<<uses>>
<<uses>>
<<uses>>

CustomerBean

+customer_name : string
+cell_phone : string
+contact_tel : string
+address : string
+email : string
+role : string

+getRole()() : string
+setRole(String role)() : void
+getId()() : int
+setId(int id)() : void
+getCustomer_name()() : string
+setCustomer_name(String customerName)() : void
+getCell_phone()() : string
+setCell_phone(String cellPhone)() : void
+getContact_tel()() : string
+setContact_tel(String contactTel)() : void
+getAddress()() : string
+setAddress(String address)() : void
+getBank_account()() : string
+setBank_account(String bankAccount)() : void
+getEmail()() : string
+setEmail(String email)() : void
+getCdelete_flag()() : int
+setCdelete_flag(int cdeleteFlag)() : void
+CustomerBean(int customerID,String customerName)()
+CustomerBean(String name, String cellphone, String contactTel, String address()

ProjectBean

+project_name : string
+psl
+domain
+cmtool
+tech_lang
+customer
+pm : string
+estimated_total_effort : string
+c : string
+estimated_total_effort : string
+actual_startdate : string
+actual_enddate="" : string
+actual_duration : string
+project_type
+lifecycle
+database
+out_sourcing_type
+man_head : string
+remarks : string
+pdelete_flag : string

图6—11 项目信息增加模块类图

（7）项目信息修改设计。流程图及类图如图 6—12 所示。

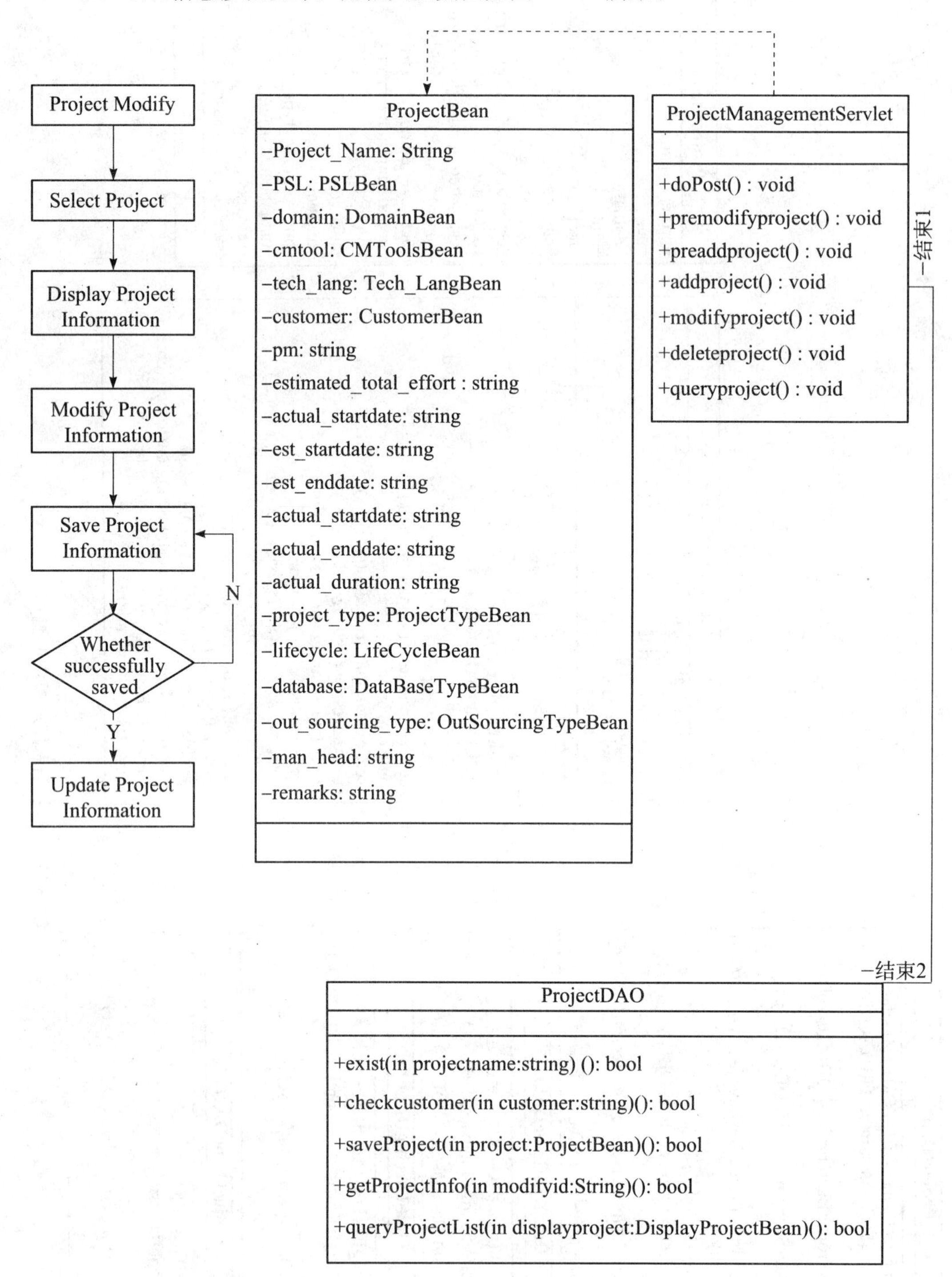

图 6—12　项目信息修改模块流程图及类图

（8）项目信息查询设计。流程图及类图如图 6—13 所示。

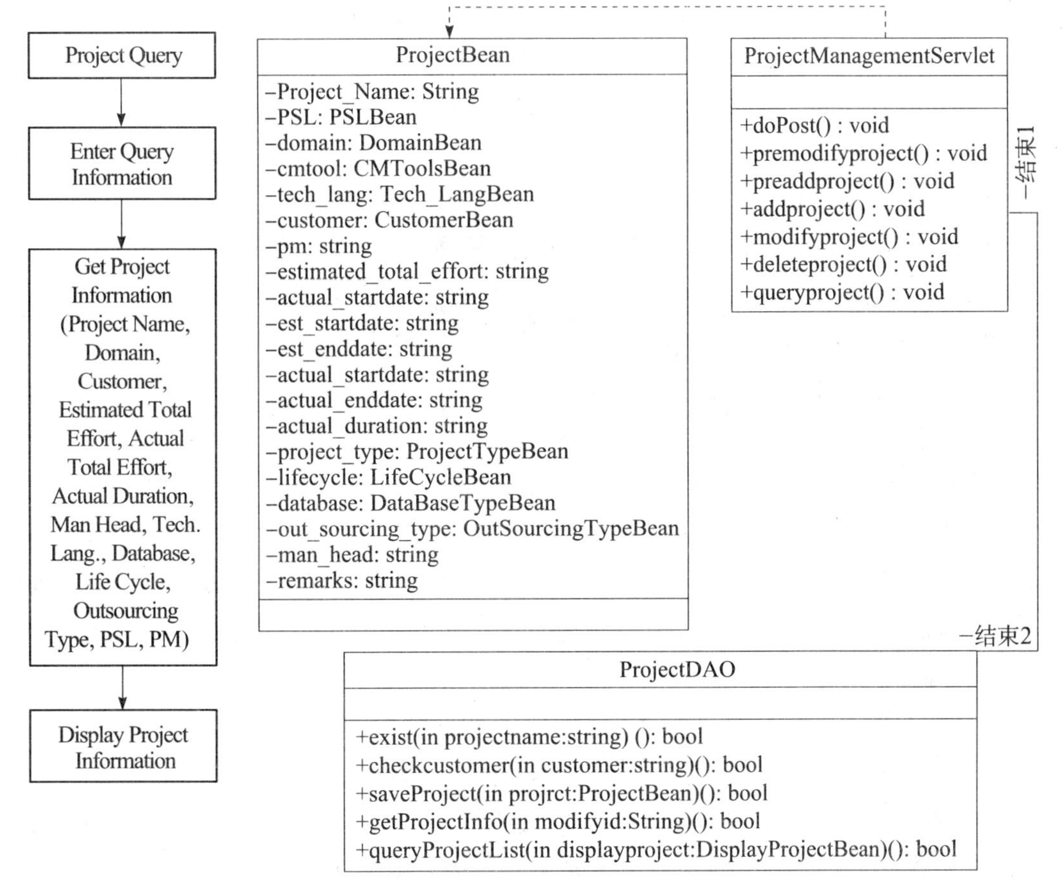

图 6—13　项目信息查询模块流程图及类图

二、模型层的实现

1. JavaBean 的实现

总共设计了 18 个 Bean，分别如下所述：

（1）BaseBean. java 父类，定义了 id 和 name 属性。

（2）CMToolsBean. java，代表配置工具的类，继承 BaseBean。

（3）CustomerBean. java，代表客户的类，定义了客户的若干属性。

（4）DataBaseTypeBean. java，代表数据库类型的类，继承 BaseBean。

（5）DepartmentBean. java，代表部门信息的类，继承 BaseBean。

（6）DisplayProjectBean. java，代表显示项目信息的类。

（7）DisplayUserBean. java，代表显示用户信息的类。

（8）DomainBean. java，代表领域信息的类。

（9）LifeCycleBean. java，代表生命周期信息的类。

（10）LoginBean. java，代表客户端登入信息的类。

（11）OutSourcingTypeBean. java，代表外包类型信息的类。

（12）ProjectBean. java，代表项目信息的类。

（13）ProjectTypeBean. java，代表项目类型的类。

（14）PSLBean. java，代表 PSL 信息的类。

（15）RoleBean. java，代表角色的类。

（16）SessionUserBean. java，代表用户会话的类。

（17）TechLangBean. java，代表技术方向的类。

（18）UserBean. java，代表用户信息的类。

这些 Bean 类都比较简单，除了属性外，都是 get 和 set 方法。

2. DAO 的实现

这里设计了 17 个 DAO 类，分别为上面的 Bean 类实现了数据持久化方法和业务方法。分别如下所述：

（1）CMToolsDAO. java，该类中定义了 3 个业务方法：getCMToolsList 方法获取配置工具 list，getCMToolsID 方法获取配置工具 ID，getCMToolsName 方法获得配置管理工具名。

（2）CustomerDAO. java，该类中定义了 3 个业务方法：getCustomerList 方法获取客户 list，getCustomerID 方法获取客户 ID，getCustomerName 方法获取客户名。

（3）DataBaseTypeDAO. java，该类中定义了 3 个业务方法：getDataBaseList 方法获取数据库 list，getDataBaseID 方法获取数据库类型 ID，getDataBaseName 方法获取数据库类型名。

（4）DBDAO. java，该类中定义了 1 个方法：connectDatabase 方法连接数据库。

（5）DepartmentDAO. java，该类中定义了 3 个业务方法：getDepartment 方法获取部门对象，getDepartmentID 方法获取部门 ID，getDepartmentList 方法获取部门 list。

（6）DomainDAO. java，该类中定义了 3 个业务方法：getDomainList 方法获取领域 list，getDomainID 方法获取领域 ID，getDomainName 方法获取领域名。

（7）FileDAO. java，该类中定义了 4 个业务方法：insertFile 方法增加文档，get-FileName 方法获取文档名，checkFileExists 方法判断文件是否存在，updateFile 方法更新文件信息。

（8）LifeCycleDAO. java，该类中定义了 3 个业务方法：getLifeCycleList 方法获取开发模型 list，getLifeCycleID 方法获取开发模型 ID，getLifeCycleName 方法获取开发模型名称。

（9）LoginDAO. java，该类中定义了 1 个业务方法：exist 方法判断账户是否存在。

（10）OutSourcingDAO. java，该类中定义了3个业务方法：getOutSourcingList方法获取外包类型list，getOutSourcingID方法获取外包类型ID，getOutSourcingType方法获取外包类型名称。

（11）ProjectDAO. java，该类中定义了8个业务方法：exist方法判断项目名是否已存在，checkCustomer判断客户是否存在，saveProject保存新增项目，getProjectInfo获取项目信息，modifyProjectInfo修改项目信息，queryProjectList查询项目列表，deleteProject删除项目，getProjectNameList获取项目名列表。

（12）ProjectTypeDAO. java，该类中定义了3个业务方法：getProjectTypeList方法获取项目类型list，getProjectTypeID方法获取项目类型ID，getProjectTypeName方法获取项目类型名称。

（13）PSLDAO. java，该类中定义了3个业务方法：getPslList方法获取PSL list，getPslID方法获取PSL ID，getPslName方法获取PSL名称。

（14）RoleDAO. java，该类中定义了3个业务方法：getRoleList方法获取角色list，getRoleID方法获取角色ID，getRoleName方法获取角色名称。

（15）SessionUserDAO. java，该类中定义了1个业务方法：getSessionUser方法获取会话账户信息。

（16）Tech_LangDAO. java，该类中定义了3个业务方法：getTech_LangList方法获取开发语言list，getTech_LangID方法获取开发语言ID，getTech_LangName方法获取开发语言名称。

（17）UserDAO. java，该类中定义了7个业务方法：exist方法判断用户是否已存在，saveUser保存新增用户，getUserList查询用户列表，getUser获取用户，modifyUser修改用户信息，deleteUser删除用户，getUserName获取用户姓名。

三、控制层的实现

这里设计了5个Servlet类，调用了业务类的业务方法及持久化方法实现程序流程。分别如下所述：

（1）CheckLoginFilter. java，过滤器类，判断用户是否已经登录。

（2）LoginServlet. java，登录Servlet。

（3）LogoutServlet. java，退出Servlet。

（4）ProjectManagementServlet. java，项目信息管理核心控制类，调用ProjectDAO实现项目信息的增加、删除、修改、查询等业务逻辑。

（5）UserManagementServlet. java，用户信息管理核心控制类，调用UserDAO实现用户信息的增加、删除、修改、查询等业务逻辑。

四、展示层的实现

展示层利用 JSP 实现，并利用 JSTL 及 EL 从 Bean 中获取技术填写。各 JSP 页面分别如下所述：

（1）addCustomerInfo. jsp，增加项目中客户信息页面。

（2）addProjectInfo. jsp，增加项目信息页面。

（3）addUserInfo. jsp，增加用户信息页面。

（4）downloadProject. jsp，下载项目信息页面。

（5）login. jsp，登录到 KMS 系统主页面。

（6）modifyProjectInfo. jsp，修改项目信息页面。

（7）modifyUserInfo. jsp，修改用户信息页面。

（8）queryProjectInfo. jsp，查询项目信息页面。

（9）queryUserInfo. jsp，查询用户信息页面。

（10）showProject. jsp，显示项目信息页面。

思考练习

一、简答题

请输出 MVC 的含义及优点。

二、实训题

按照书上的提示，读者可以自己开发实现书上提到的功能。

任务 3　项目打包与部署

项目开发完毕后，需要移交给客户，此时最好将整个项目打包成一个压缩文件，并将这个文件部署到服务器中。

应用场景

在本项目任务 2 中，我们已将项目开发完毕，但是在 KMS 这个 WEB 应用中，有很多资源文件，这样交付将给客户带来不便，因此我们将把所有的文件打包成一个 war 文件并进行部署。

任务分析

使用 jar 命令可以生成打包文件，并将该打包文件部署到 Tomcat 中运行。

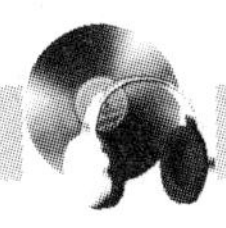

解决方案

1. 打包
2. 部署
3. 运行

一、打包

使用 jar 命令生成打包文件，这时要注意打包成的文件的后缀名是 . war，而不是 . jar。步骤如下：从 dos 下到 eclipse 的 KMS 项目目录下，执行指令 jar-cvf KMS. war * 。此时可以看到生成了一个 KMS. war 文件，用 winrar 等解压缩工具打开其目录结构，如图 6—14 所示。WEB-INF 目录中的结构如图 6—15 所示。

图 6—14　KMS 文件目录

图 6—15　WEB-INF 目录

二、部署

文件打包完成后，将其部署到 Tomcat 服务器中，我们可以直接将 KMS. war 拷贝到 Tomcat 的 Webapps 目录下。

三、运行

部署完成后，启动 Tomcat 服务器，然后在浏览器中输入 http：//localhost：8080/kms/login. jsp，可以看到登录页面，如图 6—16 所示。

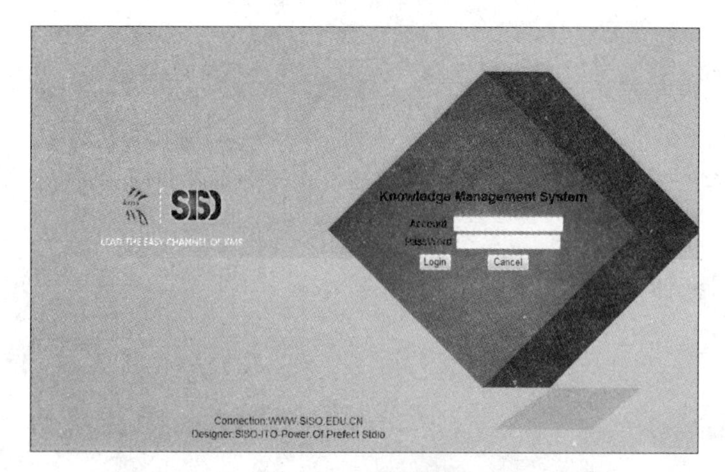

图 6—16 登录页面

思考练习

一、简答题

应将程序部署在 Tomcat 的什么地方?

二、实训题

按照书上的提示，读者自行对程序进行打包和部署。

参考文献

[1] 林巧民．JSP动态网站开发实用教程．北京：清华大学出版社，2009.

[2] 孙鑫．Java Web开发详解：XML+XSLT+Servlet+JSP深入剖析与实例应用．北京：电子工业出版社，2012.

[3] [美] 巴沙姆，塞若，贝茨．深入浅出Servlet&JSP. 南京：东南大学出版社，2006.

信息反馈表

尊敬的老师，您好！

为了更好地为您的教学、科研服务，我们希望通过这张反馈表来获取您更多的建议和意见，以进一步完善我们的工作。

请您填好下表后以电子邮件、信件或传真的形式反馈给我们，十分感谢！

一、您使用的我社教材情况

您使用的我社教材名称			
您所讲授的课程		学生人数	
您希望获得哪些相关教学资源			
您对本书有哪些建议			

二、您目前使用的教材及计划编写的教材

	书名	作者	出版社
您目前使用的教材			
	书名	预计交稿时间	本校开课学生数量
您计划编写的教材			

三、请留下您的联系方式，以便我们为您赠送样书（限1本）

您的通讯地址			
您的姓名		联系电话	
电子邮件（必填）			

我们的联系方式：

地　址：苏州工业园区仁爱路158号中国人民大学苏州校区修远楼

电　话：0512-68839319　　传　真：0512-68839316

E-mail：huadong@crup.com.cn　　邮　编：215123

微　博：http://weibo.com/cruphd　　QQ（华东分社教研服务群）：34573529

信息反馈表下载地址：http://www.crup.com.cn/hdfs